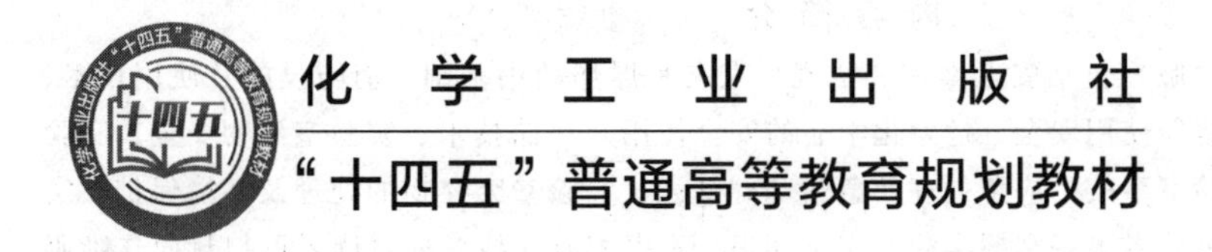

实验室安全教程

第二版

◎ 胡洪超 黄 雪 舒绪刚 主编

化学工业出版社
·北京·

内 容 简 介

《实验室安全教程》(第二版)包括安全案例和法规、火灾和爆炸理论基础、消防设施及使用技术、安全用电、旋转机械及压力容器使用安全、危险化学品的安全使用及存储技术、实验室生物安全、实验室个人防护及安全操作、实验室事故的应急处理及急救基础知识、实验室废弃物的处理及环境保护、实验室安全评价等内容。为帮助读者更好掌握实验室安全知识,本书配有在线题库,读者可扫封面二维码后进行练习。

《实验室安全教程》(第二版)兼具理论知识和实操技术,可作为化学类、化工类、生物类、材料类、食品类等相关专业本科生教材,也可用于实验室安全培训,对实验室管理人员亦很有参考价值。

图书在版编目(CIP)数据

实验室安全教程 / 胡洪超,黄雪,舒绪刚主编. 2 版. -- 北京 : 化学工业出版社, 2024. 7 (2024. 9重印). -- (化学工业出版社“十四五”普通高等教育规划教材).

ISBN 978-7-122-45827-8

Ⅰ. G311

中国国家版本馆 CIP 数据核字第 2024RM6219 号

责任编辑:宋林青 李 琰

责任校对:赵懿桐　　装帧设计:刘丽华

出版发行:化学工业出版社(北京市东城区青年湖南街 13 号 邮政编码 100011)

印 装:大厂聚鑫印刷有限责任公司

787mm×1092mm 1/16 印张 10¾ 字数 259 千字 2024 年 9 月北京第 2 版第 2 次印刷

购书咨询:010-64518888　　售后服务:010-64518899

网 址:http://www.cip.com.cn

凡购买本书,如有缺损质量问题,本社销售中心负责调换。

定 价:35.00 元

前言

《实验室安全教程》出版至今已有近5年，被几十所兄弟院校选为教材，并被中国石油和化学工业联合会评为2022年优秀出版物二等奖（教材类），受到同行和读者好评的同时，也收到一些宝贵建议。值此修订之机对同行和读者表示诚挚的感谢，并汲取大家的宝贵建议以让本书更加完善。

本次修订对第一版中的个别疏漏进行了修订，对实验室生物安全这一章进行了较大修订。此外，各章增加了在线试题，附上了电子教案和课件，以利于读者和同行使用。

实验室安全涉及的内容大多，知识点很散，缺乏系统化，这给实验室安全的教学与学习带来了一定的难度。举两个例子和同行、读者探讨实验室安全的教学与学习方法。第一个例子：对实验室火灾，消防技术一般是采用各类灭火器、灭火毯和消防沙，但实际在面临实验室火灾时最有效的方法是在发生时马上用身边的一切物品最快时间灭火，例如用大烧杯盖住火源，用湿抹布灭火，用无机盐类撒到火苗上等，所以在消防安全这一章中通过学习火灾和灭火理论，再辅以合适的消防措施可能比消防技术的讲授更有效。第二个例子：关于危险化学品学习，如乙醚，它具有无色、高度挥发性、极易燃和可麻醉等特性，但危险化学品种类繁多，我们在有限时间内不能全部讲授，学习者也不可能都记得住，考虑这些特点，我们在实际教学中教会学生两个知识，一是懂得阅读和查找化学品安全技术说明书（MSDS），二是懂得常见爆炸物基团和有毒物基团的规律，通过这两个知识，学习者可以对未知化合物的特性进行检索查找，对常见物质能根据所学知识简单判断是否存在爆炸特性和毒害特性，这种学习方法应该会比一个个化学物质特性的传授更加有效和实用。基于以上考虑，我们在编写本书时注重基础理论和实际操作技术，读者可以配合实验室安全知识手册这类的书籍来学习实验室安全知识。

参加本次修订的有舒绪刚（统稿，仲恺农业工程学院）、蒋旭红（审稿，仲恺农业工程学院）、李永华（第1章和第8章，仲恺农业工程学院）、黄雪（第2章和第4章，仲恺农业工程学院）、焦体峰（第3章，燕山大学）、张浦（第5章，仲恺农业工程学院）、温伟红（第6章，仲恺农业工程学院）、李淑娟（第7章，河北大学）、刘晖（第9章，仲恺农业工程学院）、董奋强（第10章，广东工业大学）、胡洪超（题库，仲恺农业工程学院）。全书由胡洪超、黄雪、舒绪刚任主编。

与本书配套的在线题库，扫封面二维码后即可手机在线练习，可检查学习效果，为进入实验室做好准备。使用本书作教材的教师可向出版社索取配套课件：songlq75@126.com。

再次向关心本书的各位同行表示感谢，向化学工业出版社表示感谢。书中疏漏之处和知识更新不及时之处难免存在，欢迎读者继续提出宝贵建议，以利于实验室安全教学的发展。

《实验室安全教程》编写组于广州

2024年5月12日

第一版前言

实验室是学校开展教学、科研活动的重要场所。近年来，实验室安全事故屡有发生，对学生和科研人员造成了威胁。实验室安全问题需得到大家的重视。在实验过程中要高标准、严要求，并通过课堂教学、网络学习和知识竞赛等多种形式提高进入实验室的同学和研究人员的安全知识、安全意识和安全技能。

从2014年开始，仲恺农业工程学院将实验室安全教育纳入化学及其相关专业的必修课程，成绩合格后，学生才能获得实验室的准入资格。课程开设五年来，深受学生的欢迎，经过本课程的开设，学生进入实验室后的安全知识和安全意识明显提高，效果良好。经过两年多的努力，我们将内部教学讲义进行重新编排，使其涵盖了安全教育各方面的知识，也包含了实验室安全的理论和技术。全书有十大方面的内容：安全事故和法规、消防安全知识与设施使用技术、安全用电、机械及压力容器使用安全、危险化学品的使用和存储、生化实验室安全、个人安全防护和实验室安全操作、实验事故的应急处理与急救知识、实验室废弃物处理和环保及实验室安全评价。本教材兼具理论知识和实操技术，可作为化学、生物及相关专业与各种实验室安全培训的教材。

本书编写组成员包括胡洪超、蒋旭红、舒绪刚、周新华、尹国强、程杏安等人，其中舒绪刚、周新华、尹国强负责第2、3、4、5、8章的编写；胡洪超、刘展眉负责第1、7、10章的编写；蒋旭红、程杏安负责第6、9章的编写；张浦负责校稿和文字编排，研究生王铭杰、林学贵、曹鼎鼎等参与了部分工作。感谢仲恺农业工程学院教务处、实验室与设备管理处和保卫处对本书编写、出版的支持和指导。

本书力图深入浅出地阐述实验室安全相关的理论知识和技术，但实验室安全知识体系非常庞杂，专业性强，限于笔者的专业知识和文字表达水平，书中难免存在疏漏和不妥之处，欢迎读者批评指正。

《实验室安全教程》编写组

2018年12月26日

目 录

扫码在线练习
掌握安全知识

第1章

实验室安全概述

高校实验室是大学生基础实践教学和技能培训的重要平台，也是高素质人才培养和科技创新能力提升的主要场所，它虽然涉及的学科领域众多、研究内容和方法丰富多样、安全规范侧重各有不同，但是却具有很多共同的特征，如博士研究生、硕士研究生和本科生等实验人员是高校实验室的主体，实验人员集中且流动性大；实验室使用频繁，存放大量贵重仪器设备和重要技术资料；一般都使用种类繁多的化学药品，它们往往易燃易爆、有毒有害、有腐蚀性等；部分实验要在高温、高压或者超低温、真空、强磁、微波、辐射、高电压和高转速等特殊条件下进行，部分实验还会排放有毒物质。实验人员的操作失误极可能引发实验室安全事故，不但会对仪器设备造成损坏，甚至还会对学生的生命安全产生严重危害，使个人、家庭、学校、社会和国家蒙受重大损失。

1.1 实验室安全的认识

安全是指没有受到威胁，没有危险、危害、损失，人类的整体与生存环境资源的和谐相处，互相不伤害，不存在危险、危害的隐患，是免除了不可接受的损害风险的状态。安全是在人类生产过程中，将系统的运行状态对人类的生命、财产、环境可能产生的损害控制在人类能接受水平以下的状态。

实验室安全指实验室免除了不可接受的损害风险的状态。实验室是一个复杂的场所，经常用到各种化学药品和仪器设备，以及水、电、燃气，还会遇到高温、低温、高压、真空、高电压、高频和带有辐射源的实验室条件和仪器，若缺乏必要的安全管理和防护知识，会造成生命和财产的巨大损失。实验室安全就是要最大限度地避免实验人员的生命和财产损失。

实验室中的学生和研究人员需具备的安全素质包括三点：安全意识、安全知识和安全技术。其中，对实验室安全来讲，安全意识是需要首先树立的，需由“要我安全”转变为“我要安全”。思维、意识和观念的改变带来安全的行为和习惯。理念决定了行动。实验室安全不只是靠实验室管理来保障，更必须依靠全体老师和同学的参与。安全工作并非朝夕之功，安全来自长期保持警惕！

实验室安全关系到每一个与实验室相关的人员及其家庭，从同学、团队成员到机构的管理者和社会。从物理和化学伤害范围来讲，近则影响同实验室的实验者，远则影响整栋实验楼甚至局部的生态环境。因此每一个实验者要做到“我不伤害别人”，当别人受到伤害时能及时抢救，当他人违章时能及时制止。安全实验不仅是对他人负责，对学校负责，对社会负责，对国家负责，更是对自己负责，对家庭负责！海明威在《丧钟为谁而鸣》中讲道：“所有的人是一个整体，别人的不幸就是你的不幸。所以，不要问丧钟为谁鸣，他就是为你鸣。”一件件实验室悲剧，提醒的是每一个实验室的参与者。

态度→行为→习惯→性格→命运，树立安全第一和生命至上的安全意识，让安全成为一种习惯是保障我们实验室安全的前提。

1.2 实验室安全的规律

事故是发生于预期之外的造成人身伤害或财产或经济损失的事件。在事故的种种定义中，伯克霍夫（Berckhoff）的定义较著名。伯克霍夫认为，事故是人（个人或集体）在为实现某种意图而进行的活动过程中，突然发生的、违反人的意志的、迫使活动暂时或永久停止，或迫使之前存续的状态发生暂时或永久性改变的事件。事故的含义包括：

① 事故是一种发生在人类生产、生活活动中的特殊事件，人类的任何生产、生活活动过程中都可能发生事故。

② 事故是一种突然发生的、出乎人们意料的意外事件。由于导致事故发生的原因非常复杂，往往包括许多偶然因素，因而事故的发生具有随机性。在一起事故发生之前，人们无法准确地预测什么时间、什么地点、发生什么样的事故。

③ 事故是一种迫使进行着的生产、生活活动暂时或永久停止的事件。事故中断、终止人们正常活动的进行，必然给人们的生产、生活带来某种形式的影响。因此，事故是一种违背人们意志的事件，是人们不希望发生的事件。

事故是一种动态事件，它开始于危险的激化，并以一系列原因事件按一定的逻辑顺序流经系统而造成损失，即事故是指造成人员伤害、死亡、职业病或设备设施等财产损失和其他损失的意外事件。事故有生产事故和企业职工伤亡事故之分。生产事故是指生产经营活动（包括与生产经营有关的活动）过程中，突然发生的伤害人身安全和健康或者损坏设备、设施或者造成经济损失，导致原活动暂时中止或永远终止的意外事件。

事故和事故后果是互为因果的两件事情：由于事故的发生产生了某种事故后果。但是在日常生产、生活中，人们往往把事故和事故后果看作一件事件，这是不正确的。之所以产生这种认识，是因为事故的后果，特别是引起严重伤害或损失的事故后果，给人的印象非常深刻，相应地注意了带来某种严重后果的事故；相反地，当事故带来的后果非常轻微，没有引起人们注意的时候，人们也就忽略了事故。

爱德华·墨菲（Edward A. Murphy）提出著名的“墨菲定律”：如果有两种或两种以上的方式去做某件事情，而其中一种选择方式将导致灾难，则必定有人会做出这种选择。它揭示了一种独特的社会及自然现象，极端表述是：如果坏事有可能发生，不管这种可能性有多小，它总会发生，并造成最大可能的破坏。主要内容有以下四个方面：①任何事都没有表面看起来那么简单；②所有的事都会比你预计的时间长；③会出错的事总会出错；④如果你担心某种情况发生，那么它就更有可能发生。墨菲定律揭示了在安全管理中人们为什么不能忽视小概率事件的科学道理；揭示了安全管理必须发挥警示职能，坚持预防为主原则的重要意义；同时指出，对人们进行安全教育，提高安全管理水平具有重要的现实意义。

海恩法则（Heinrich's Law）是飞机涡轮机的发明者德国人帕布斯·海恩提出的一个航空界关于安全飞行的法则。该法则认为，在1起死亡重伤害事故背后，有29起轻伤害事故，29起轻伤害事故背后，有300起无伤害虚惊事件，以及1000起不安全行为和不安全状态存在，即Heinrich安全金字塔（图1.1）。

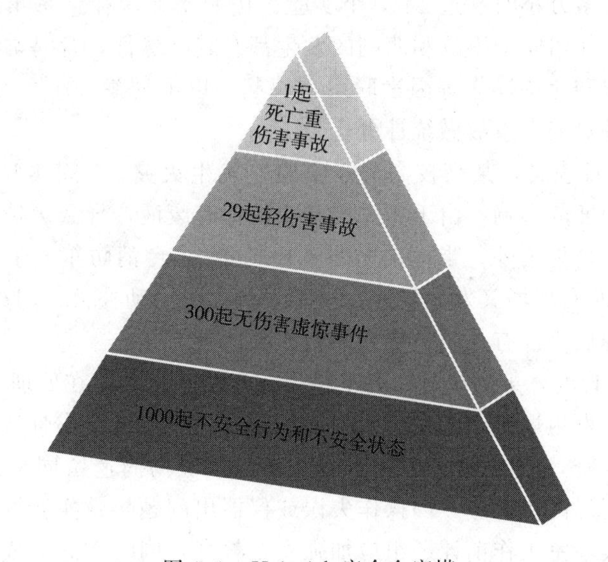

图1.1 Heinrich安全金字塔

Heinrich安全金字塔揭示了一个十分重要的事故预防原理：要预防死亡重伤害事故，必须预防轻伤害事故；预防轻伤害事故，必须预防无伤害虚惊事故；预防无伤害虚惊事故，必须消除日常不安全行为和不安全状态；而能否消除日常不安全行为和不安全状态，则取决于日常管理是否到位，也就是我们常说的细节管理，这是预防死亡重伤害事故的最重要的基础工作。现实中我们就是要从细节管理入手，抓好日常安全管理工作，降低“安全金字塔”最底层的不安全行为和不安全状态，从而实现当初设定的总体方针，预防重大事故的出现，实现全员安全。

安全管理的对象是风险，管理的结果要么是安全，要么是事故。我们说“安全的规律”，确切地说，就是事故发生的规律，就是事故是怎么发生的。世间的事情都有前因后果，事故这个结果也有原因，原因就在于事故相关的各个环节，就是说，事故是一系列事件发生的后果。这些事件是一系列的，一件接一件发生的，是“一连串的事件”。所以，安全管理上就有了“事故链”原理。事故让人们看到了一个锁链：初始原因→间接原因→直接原因→事故→伤害。这是一个链条，传统、社会环境、人的不安全行为或物的不安全状态、人的失误、事故伤害，像一张张多米诺骨牌，一旦第一张倒下，就会导致第二张、第三张直至第五张骨牌倒下，最终导致事故发生，造成相应的损失。按照“事故链”原理的解释，事故是因为某些环节在连续的时间内出现了缺陷，这些不止一个的缺陷造成了整个安全体系的失效，酿成大祸。

1.3 高校实验室事故案例及分析

据教育部2008～2009学年普通本科高等学校实验室信息统计数据，我国1129所普通本科高等学校共有实验室26479个，实验室面积为2601.5万平方米，教学科研仪器设备1271.6万台件，总值达13627892.59万元，其中，仅75所教育部直属高校就拥有4029个实验室，进行了400多万小时、近14万个实验。按照墨菲定律，每年高校实验室都会发生各种各样的事故。任何安全事故和悲剧的发生都有其必然性，都是与人们不重视安全管理、不懂得安全知识和违章操作等因素联系在一起。以下列举2013～2017年已见诸媒体的实验室安全事故并对安全事故做统计分析。

2017年7月26日凌晨，某高校高分子实验室发生火灾，5间实验室被烧毁，另有2间实验室受到不同程度的影响。由于相关实验室还存有废液，导致火灾时同时发生小型爆炸，气味最远飘至1公里之外。当地消防4点出动20多台消防车，于6点左右基本扑灭火势。但上午10点左右现场又发生复燃，消防人员再次出动扑灭。起火原因是插有天平、旋转蒸发仪和烘箱的插座没有关闭，导致短路起火。

2017年3月27日晚，某高校有2名本科生在实验室工作，在处理一个约100mL的反应釜过程中，反应釜发生爆炸，学生左手大面积创伤，右臂贯穿伤骨折，受伤学生为三年级本科生。经现场排查，除发生爆炸的反应釜以外，现场尚遗留同批未处理的反应釜两个。出事的是一个高温高压反应，因操作失误或仪器出问题导致实验爆炸。该系总结教训后提出：本科生进实验室工作前课题组应加强安全教育，同时在导师或高年级研究生指导下开展科研工作。

2016年9月21日上午10点半，某高校生物工程实验室3名研究生进行氧化石墨烯的实验（三人都未穿实验服，且未戴护目镜），1名研二学生进行实验教学示范，过程为在一个敞口大锥形瓶中放入750mL的浓硫酸，并与石墨烯混合，接下来放入一勺高锰酸钾(未称量)，在放入之前，研二学生还告诫其他人，放入可能有爆炸危险，但不幸的是，话音刚落，爆炸就发生了。事故中两名正对实验装置的学生受伤较重，另一名背对着实验装置的学生受轻伤。2名学生主要伤害集中在面部，灼伤面积均在5%左右，眼部不同程度受伤，其中1名学生眼部整体无大碍，另外1名学生要接受眼部手术。

2015年12月18日上午10时10分左右，某校一间实验室发生爆炸火灾事故，1名正在做实验的博士后当场死亡。事故发生后，楼内及周边师生被疏散，明火被迅速扑灭，该市环保局在爆炸后2h对现场检测未发现有害气体。根据安监部门通报，爆炸是死者在使用氢气做化学实验时发生的。该实验室的窗户及护栏均已在爆炸中脱落，屋内的墙体被烧得黝黑，墙边还立着一个约一人高的气罐。在爆炸的冲击下，该实验室内的铁柜等陈设甚至被震落到楼下。同时殃及的还有临近几个房间，玻璃均出现了不同程度的破碎，墙体也有过火痕迹。事故起因疑与高度易燃的化学药品叔丁基锂有关。叔丁基锂是一种有机锂化合物，是有机合成中的超强碱，高度易燃，可在空气中自燃，储存时必须以干燥氮气保护，使用时也必须非常小心。

2015年4月5日中午，某大学化工学院一个实验室发生爆炸事故，致1人死亡、1人重伤截肢、3人耳膜穿孔和身体擦伤。爆炸原因是在做纳米催化实验过程中未按规范操作导致瓦斯气瓶爆炸。

2014年6月，美国疾病控制和预防中心（CDC）设在亚特兰大的一间高级别生物安全实验室，在对活炭疽菌进行灭活时，可能没有遵循正确的程序。随后，他们将可能带有活炭疽菌的样本转移到三个低级别实验室，而后者并不具备处理活炭疽菌的设施。6月6～13日，两个实验室的孢子呈烟雾状散开，86人接触到高致死率炭疽菌，导致了一起严重的安全事故。

2014年4月9日上午9时，某大学理科楼内突然冒出浓烟，且有刺鼻性气味。浓烟从理科楼三楼弥散开来，迅速漫入大楼的四楼、五楼，大楼内正在进行的教学和科研活动随即暂停，百余名人员被疏散到大楼外，整个过程没有发生人员伤亡。10点以后，烟雾逐渐散去，楼内的教学和科研秩序陆续恢复。事故是由随意丢弃化学制剂，盐酸试剂瓶破裂导致盐酸雾状泄漏引起的。

2013年6月19日凌晨，某校生命科学院大楼地下室起火，部分实验室受损。起火现场是斑马鱼水体实验室之一。斑马鱼水体实验室里摆放着大小不一的鱼箱，里面有各个年龄段的斑马鱼，小到鱼卵，大到成年鱼。此次事故中，数千条鱼被烧死，占总数的三分之二。因样本损失惨重，需要重新制作相对应的样本。

以下关于实验室事故的统计数据来源于2001～2013年全国高等院校、科研院所，包含物质提取、提纯、分离、化学反应过程的企业实验室发生的典型事故，其中高等院校71起、科研院所11起、企业实验室18起，100起实验室事故共造成8人死亡，593人受伤或中毒（包括28个病菌感染者），见表1.1。

■ **表1.1　2001~2013年实验室事故统计**

年份	事故数	死亡人数	受伤/中毒人数
2001	5	0	7
2002	4	0	3
2003	5	0	4
2004	8	1	263
2005	8	1	10
2006	12	3	12
2007	3	0	2
2008	5	0	5
2009	6	1	22
2010	18	0	26
2011	14	0	36
2012	6	0	200
2013	6	2	3
总计	100	8	593

100 起实验室安全事故的主要类型有火灾、爆炸、中毒、电击和其他安全事故。统计表明，各类事故中，火灾事故、爆炸事故（包括仪器设备爆炸和化学试剂爆炸）较多；中毒事故只有 6 起，但造成人员伤亡最多，分别占事故伤、亡总数的 80.4％和 37.5％（见图 1.2）。火灾、爆炸、中毒是实验室安全事故的主要类型，这与实验室使用种类繁多的易燃、易爆、有毒化学药品以及有些实验需要在高温、高压、超低温、强磁、真空、辐射、微波或高转速等特殊条件下进行密切相关，操作不慎或稍有疏忽，就可能发生着火、爆炸、化学灼伤和中毒事故。

实验室中不仅使用的危险化学品存放部位多、使用量大、涉及面广、接触人员多，而且还需要大量使用压力容器、反应容器、电器设备、仪器仪表以及空调机、加热设备、电炉等，因而实验室安全事故的危险因素不尽相同。在 100 起事故中，有 80 起因危险化学品引发的燃烧、爆炸事故。按照国家标准 GB 6944—2012《危险货物分类和品名编号》关于危险物品的分类，对引起事故的危险物品进行分析，结果如图 1.3 所示。

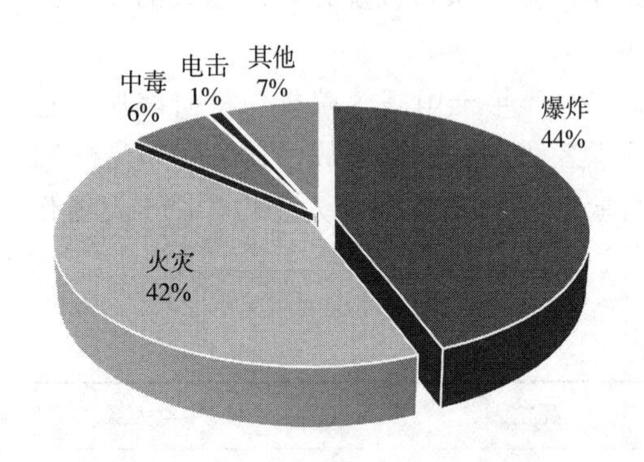

图 1.2　实验室事故类型分布

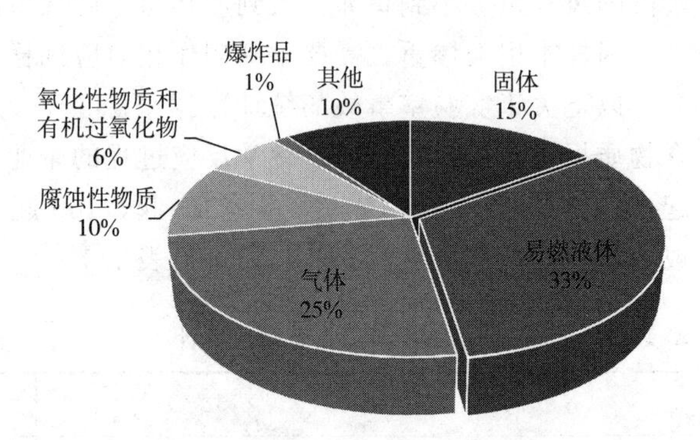

图 1.3　实验室事故按危险品分布

就安全事故数而言，易燃液体和气体引起的事故最多，其次是固体（包括易燃固体、易自燃固体和遇水放出易燃气体的固体）引起的事故、腐蚀性物质事故、氧化性物质和有机过氧化物事故，这 5 类危险品引起事故 71 起，占危险化学品事故总数的 89％，爆炸品事故相对较少。从实验室危险化学品事故造成死亡和受伤（包括中毒）人数来看，在伤亡的 527 人中，气体引起的事故伤亡人数占事故总伤亡人数的 90.5％，其次是易燃液体事故，占事故总伤亡人数的 6.1％，这两类事故的伤亡人数占总伤亡人数的 96.6％，爆炸品、易燃固体、腐蚀性物质、氧化性物质和有机过氧化物事故造成的人员伤亡只占 3.9％。毒性物质事故造成的人员伤亡最严重。从事故后果上看，典型毒性气体物质如液氨、液氯、光气、一氧化碳等造成的人员伤亡最严重，死亡的 8 人中有 2 人分别因光气和一氧化碳中毒死亡；中毒人数占到受伤总人数 80％左右。这显然与有毒物质的理化特性和伤害机理密切相关。

对于事故原因，按照操作不慎、违反操作规程及实验设施不健全等 10 个方面进行的分析统计结果表明：就事故数而言，因违反操作规程或误操作引发的事故最多，占事故总起数的 27％；以下依次是设备老化、故障或缺陷，线路老化或短路，操作不当，分别占事故总数的 15％、14％和 12％。上述 4 种原因引发的事故约占事故总数的 68％。造成人员伤亡最多的也是这 4 种原因，其中因违反操作规程和操作不当造成的人员伤亡就接近 80％。

1.4 实验室安全法律法规

习近平总书记提出的“四个全面”治国目标，其中就包含“全面推进依法治国”的内容。根据“四个全面”的精神，依法治理高校实验室安全显然更有意义。因此，在新的形势下，要依法依规大力推进高校实验室安全管理与运行，以营造一个良好的实验室运行、管理的法治环境。

改革开放以来，国家逐步建立和完善了有关生产、生态、环境等安全领域的法律法规体系。据统计，近30年来，国家建立和完善了与生产安全相关的法律法规近百部，其中与高等学校实践教学和科学研究安全相关的法律法规有十余类。这些法律法规包括“综合”类1部、“实验人员劳动保护管理”类6部、“实验室安全教育培训管理”类1部、“实验室建设管理”类2部、“化学品管理”类6部、“辐射安全管理”类7部、“特种设备管理”类3部、“生物安全管理”类7部、“实验室危险性废弃物管理”类6部、“安全事故管理”类3部，共41部。这些法律法规与高校实验室安全密切相关，是指导高校实验室安全运行和管理的纲领性文件。高等学校担负着培养合格劳动者的重任，在高等教育本、硕、博人才培养全过程中，应依法依规治理实验室安全，不断强化法律意识，培养一批又一批具有法治观念的合格劳动者，这对于改善我国生产安全、生态安全、环境安全，乃至食品、医药等领域的安全现状均具有非常重要的现实意义。

我国也陆续制定和颁布了一些标准和规范，涉及实验室安全管理、危险化学品和消防等现行的规范和标准主要有：

- GB 2894—2008《安全标志及其使用导则》；
- GB 13495.1—2015《消防安全标志　第1部分：标志》；
- GB 13690—2009《化学品分类和危险性公示　通则》；
- GB 15258—2009《化学品安全标签编写规定》；
- GB 15603—2022《危险化学品储存通则》；
- GB 15630—1995《消防安全标志设置要求》；
- GB/T 16163—2012《瓶装气体分类》；
- GB/T 16483—2008《化学品安全技术说明书　内容和项目顺序》；
- GB 17914—2013《易燃易爆性商品储存养护技术条件》；
- GB 17915—2013《腐蚀性商品储存养护技术条件》；
- GB 17916—2013《毒害性商品储存养护技术条件》；
- GB/T 29510—2013《个体防护装备配备基本要求》；
- GB/T 29639—2020《生产经营单位生产安全事故应急预案编制导则》；
- GB/T 31190—2014《实验室废弃化学品收集技术规范》；
- GB 50016—2014《建筑设计防火规范》；
- GB 50140—2005《建筑灭火器配置设计规范》；
- GBZ l—2010《工业企业设计卫生标准》；
- JGJ 91—2019《科研建筑设计标准》；
- TSG R0006—2014《气瓶安全技术监察规程》。

1.5 结束语

高校实验室安全问题是高等教育必须要重视的问题，因为高等教育承载着育人重任，关系到我们培养的人才质量问题，我们应该培养有担当、有责任的合格劳动者。因此，在学生人生观、价值观形成阶段，加强安全、环保的法治教育意义重大，以使我们的接班人成为知法、懂法、用法的社会主义建设者。本、硕和博等各级学生经过实验室安全教育后首先应树立起安全、健康和环保的意识，这是保障学生安全健康地学习和研究的前提条件。

参考文献

[1] 闵鑫，李金洪，房明浩，等．新形势下强化高校实验室安全教育的重要性及其发展趋势［J］．科技创新导报，2017，14（13）：201-202.

[2] 李志红．100 起实验室安全事故统计分析及对策研究［J］．实验技术与管理，2014，31（4）：210-213.

[3] 王运，杨兵，陈冬梅，等．依法治理高校实验室安全 营造实验室运行和管理的法治环境［J］．实验技术与管理，2015，32（12）：231-233.

第2章 消防安全知识及设施使用技术

消防安全知识是每位公民都需要拥有的一种素质，在日常生活和工作中，面对火灾时具备良好的消防知识才能更好地保护自己和他人，避免和减轻财产的损失。消防工作的方针是："预防为主，防消结合"，实验室更加要以预防为主，每次实验前做好充足的物资准备。本章的内容包括两大部分：防火防爆的安全知识和灭火防爆的技术。掌握防火防爆的安全知识可帮助科研工作者预防火灾和爆炸的发生，掌握灭火防爆的技术可帮助科研工作者在火灾爆炸发生时正确地应对。

化学实验室是进行化学实验的场所，每间实验室都有大量易燃易爆有毒有害化学药品和贵重的仪器设备，当然无价的是在实验室的每一位研究人员。实验室从事大量新实验的特性决定了其发生火灾和爆炸的概率往往比化工厂更高。所以每一个实验室的研究人员都应该掌握防火防爆的消防知识，掌握灭火防爆的技术。实验室的研究人员在进行实验前，首先查找实验中可能存在的安全隐患，采取防护应对措施；其次在发生火灾或爆炸的情况下，把损失降到最低。

2.1 消防安全知识

2.1.1 燃烧

燃烧通常是一种剧烈的氧化还原化学反应，伴随着发光和发热现象。狭义的燃烧是指可燃物和空气中的氧气发生氧化还原反应。广义上来讲，燃烧不一定需要氧气参加，所有发光、发热、剧烈的氧化还原反应都可以称为燃烧，氧化剂除氧气外还可能是氯气、高锰酸钾、过氧化氢等，还原剂不仅仅包括汽油、酒精、家具等可燃物，还包括各种有机或无机还原剂。

苏联科学家谢苗诺夫提出燃烧是一种链式反应，这一理论能比较圆满地解释燃烧理论，被世界各国所公认。燃烧链式反应理论认为物质的燃烧经历以下几个过程，即助燃物质和可燃物质先吸收能量，而后解离成为自由基（即极为活泼的原子），自由基与其他分子相互作用，发生一系列连锁反应，这一系列反应是放热反应，将燃烧热量释放出来。

链式反应，可以分为不分支连锁反应和分支连锁反应两种。分支连锁反应常常会引发爆炸，不分支连锁反应的一个重要例子是氯和氢的燃烧反应生成氯化氢。在室温下，氯气和氢气的混合物储存在黑暗处，不会发生反应，一旦暴露在紫外线下或加热至200℃时，立即就会发生剧烈的反应。反应的第一步是链的引发，这是氯分子见光分解生成氯原子（自由基）的可逆反应：

$$Cl_2 + h\nu \longrightarrow Cl\cdot + Cl\cdot \qquad \text{链的引发}$$

分解生成的氯原子（自由基）极其活泼，立即与氢分子起反应：

$$Cl\cdot + H_2 \longrightarrow HCl + H\cdot \qquad \text{链的传递}$$

这个反应生成了另一种高度活泼的物种——氢原子（自由基），氢原子又进攻另一氯分子：

$$H\cdot + Cl_2 \longrightarrow HCl + Cl\cdot \qquad \text{链的传递}$$

这个反应中生成的高度活泼的氯原子，又要去进攻另一个氢分子，依此类推，反应迅速进行下去，这个反应是由氯原子、氢原子与氢分子、氯分子交替按链式反应过程进行的结果，称为链的传递（链的增长），在链的传递（链的增长）中同时发生燃烧。在燃烧过程中，由于反应物原子（自由基）与器壁碰撞或惰性介质存在或温度降低等因素，反应物原子（自由基）会发生链终止反应，也称链中断，燃烧停止。

$$Cl\cdot + Cl\cdot \longrightarrow Cl_2 \qquad \text{链的终止}$$

$$H\cdot + H\cdot \longrightarrow H_2 \qquad \text{链的终止}$$

从以上分析看出：当 $v_{\text{链增长}} \geqslant v_{\text{链中断}}$ 时，也即链的增长速度大于链的中断速度时，燃烧才会发生和持续。当 $v_{\text{链中断}} \geqslant v_{\text{链增长}}$ 时，也即链的中断速度大于链的增长速度时，燃烧就不会发生或者是正在燃烧的会停止燃烧。燃烧连锁反应可分为三个阶段，即：①链的引发（给予能量），产生自由基，链式反应开始；②链的传递，自由基与其他参与反应的化合物反应而产生新的自由基；③链的终止，自由基消失，连锁反应终止。

造成自由基消失的原因很多，如：①自由基之间相互碰撞而生成分子；②自由基与掺入混合物中的杂质发生副反应（也就是杂质吸附了自由基）；③自由基与活性的同类分子或惰性分子互相碰撞，从而将能量分散；④自由基撞击器壁而被吸附等。

从上面对燃烧的讨论可得出，燃烧必须同时具备三个条件：可燃物、助燃物和着火源，这三个条件也称为燃烧三要素。

燃烧的发生需要有足够的可燃物质，有足够的助燃物质，火源达到一定的温度并且具有足够的热量，互相作用，才会发生燃烧。可燃物分为可燃固体、可燃液体、可燃气体，其可以与空气或者其他氧化剂发生剧烈氧化还原反应。物质的可燃性随着条件的变化而变化，如，木粉比木材刨花容易燃烧，木材刨花比大块木段容易燃烧，木粉甚至能发生爆炸；又如，铝、镁、钠等是不燃的物质，但是铝、镁、钠等物质成为粉末后不但能发生自燃，而且还可能发生爆炸；又如，烧红的铁丝在空气中不会燃烧，如果将烧红的铁丝放入纯氧或氯气中，铁丝会非常容易燃烧；再如，甘油在常温下不容易燃烧，但遇高锰酸钾时则会剧烈地燃烧。

凡是能帮助和维持燃烧的物质，都称为助燃物，常见的助燃物有空气和氧气，还有氯气、氯酸钾、高锰酸钾等氧化性物质。空气的助燃性能会随着空气中的氧含量变化而变化；我们知道空气中的氧含量大约在21%，当空气中的氧含量逐渐降低时，燃烧反应会逐渐减弱，当空气中氧含量降至14%左右时，燃烧反应较难发生，大部分碳氢化合物燃烧会熄灭。生活中用的窒息灭火就是基于这个原理。当空气中的氧含量增高时，燃烧反应会逐渐激烈，能使一些平时在空气中较难引燃的可燃物变得很容易燃烧；如在纯氧的条件下，可燃物的燃烧会变得非常猛烈，甚至能使一些平时不会燃烧的铁、铝、镁等金属也剧烈地燃烧。

凡能引起可燃物质燃烧的能源，统称为着火源。着火源主要有以下五种：

① 明火　明火炉灶、柴火、煤气炉（灯）火、喷灯火、酒精炉火、香烟火、打火机火等开放性火焰。

② 火花和电弧　火花包括电、气焊接和切割的火花，砂轮切割的火花，摩擦、撞击产生的火花，烟囱中飞出的火花，机动车辆排出的火花，电气开、关、短路时产生的火花和电弧火花等。

③ 危险温度　一般指80℃以上的温度，如电热炉、烙铁、熔融金属、热沥青、沙浴、油浴、蒸汽管裸露表面、白炽灯等的温度。

④ 化学反应热　化合（特别是氧化）、分解、硝化和聚合等放热化学反应产生的热量，生化作用产生的热量等。

⑤ 其他热量　辐射热、传导热、绝热压缩热等。

可燃物能否发生着火燃烧，与着火源温度高低（热量大小）和可燃物的最低点火能量有关。防止火灾的方法就是避免燃烧三要素聚在一起，灭火也是利用燃烧的特点，隔离燃烧三要素。掌握这些知识对我们防火灭火具有重要意义。

评判可燃液体是否易燃有三个因素：闪点、燃点和自燃点。

闪点：易燃、可燃液体（包括具有升华性的可燃固体）表面挥发的蒸气与空气形成的混合气，当火源接近时会发生瞬间燃烧，这种现象称为闪燃。引起闪燃的最低温度称闪点。当可燃液体温度高于其闪点时则随时都有被火焰点燃的危险。闪点是评定可燃液体火灾、爆炸危险性的主要标志。从火灾和爆炸的方面出发，化学品的闪点越低越危险。

燃点：可燃性物质与充足的空气接触完全，到达一定温度与火源接触后发生燃烧，并且离开火源后能持续地燃烧，这个温度就称为燃点。燃点一般比闪点高1～5℃。

自燃点：可燃物在没有外源火种的作用下，因受空气氧化而释放的热量或是因外界温度、湿度变化而引起可燃物自身温度升高进而燃烧的最低温度，称为自燃点。

按发生瞬间的特点，燃烧可以分为四种：闪燃、着火、自燃、爆炸。

闪燃：遇到火源会一闪而灭的燃烧现象。大多是可燃液体才有的现象，可燃液体在闪点下蒸发出来的气体浓度不足以引起长时间的燃烧，所以才会有这种一闪而灭的现象。闪燃现象往往是可燃气体发生着火的前兆。在消防安全上，闪点可用于区分易燃液体和可燃液体。

着火：可燃物质在空气条件下与火源充分接触，温度升高到一定程度后会发生燃烧，在移除火源后仍能维持或扩展更大的燃烧。

自燃：可燃物质在没有外部火源的情况下，因其自身的化学、物理和生物变化而产生热能且不断地累积，使温度不断上升或因环境温度变化而受热后发生的燃烧现象。在消防安全上，因热的来源不同，可分为受热自燃和自热自燃。

按照燃烧物质不同可将燃烧分为固体物质燃烧、液体物质燃烧和气体物质燃烧。

固体物质的燃烧有表面燃烧、阴燃、分解燃烧和蒸发燃烧等几种。

表面燃烧：蒸气压非常小或者难以热分解的可燃固体，不能发生蒸气燃烧或分解燃烧，当氧气包围物质的表层时，呈炽热状态发生的无焰燃烧现象。

阴燃：指物质无可见光的缓慢燃烧，通常产生烟和温度升高的迹象。

分解燃烧：分子结构复杂的固体可燃物，由于受热分解而产生可燃气体后发生的有焰燃烧现象。

蒸发燃烧：熔点较低的可燃固体受热后熔融，然后与可燃液体一样蒸发成蒸气而发生的有焰燃烧现象。

液体物质的燃烧有蒸发燃烧、动力燃烧、沸溢燃烧和喷溅燃烧等几种。

蒸发燃烧：易燃、可燃液体在燃烧过程中，并不是液体本身在燃烧，而是液体受热时蒸发出来的液体蒸气被分解、氧化达到燃点而燃烧。

动力燃烧：如雾化汽油、煤油等挥发性较强的烃类在气缸中的燃烧就属于这种形式。

气体物质的燃烧有扩散燃烧和预混燃烧。

扩散燃烧：可燃气体从喷口喷出，在喷口处与空气中的氧边扩散混合、边燃烧的现象。

预混燃烧：可燃气体与助燃气体在燃烧之前混合，并形成一定浓度的可燃混合气体，被引火源点燃所引起的燃烧现象。

2.1.2 火灾

提起火灾，多数人脑中浮现的可能是熊熊大火和滚滚浓烟。事实上，火灾是从小到大发展的，根据可燃物性质以及可燃物的多少而不同，火灾的发展可能非常缓慢也可能瞬间增大。掌握火灾发展的规律性可以帮助在火灾的不同发展阶段做出正确的应对决策。火灾大致可分为五个发展阶段：初起阶段、发展阶段、猛烈和充分燃烧阶段、下降阶段、熄灭阶段。

① 初起阶段：为火灾的引燃阶段。刚起火时的火灾范围较小，可燃物刚达到燃烧的临界温度，不会产生高热辐射及高强度的气体对流，烟气不大，燃烧所产生的有害气体尚未蔓延扩散，是最佳灭火和逃生阶段。

② 发展阶段：如果火灾没有得到及时控制，可燃物会继续燃烧，这个阶段为火灾增长阶段。这时的特点是燃烧速度加快，温度升高，而且不断生成大量热烟气。在此阶段，应立即采取一定防护措施，马上逃生。

③ 猛烈和充分燃烧阶段：火灾由初期的增长阶段向充分发展阶段转变的过渡阶段，它的持续时间一般较短。当室内的温度达到 600℃以上时，室内绝大多数可燃物均突发性地引起全面燃烧，这种强烈燃烧现象也称轰燃。一旦着火房间发生轰燃，火灾即进入充分燃烧阶段。此阶段为最危险阶段，对扑救人员和被困人员的生命安全威胁最大。

④ 下降阶段：随着可燃物质燃烧、分解，其数量不断减少，火灾将呈下降趋势。此时，气体对流逐渐减弱，但仍要特别注意“死灰复燃”。

⑤ 熄灭阶段：当可燃物质全部燃尽后，火便自然熄灭，火场温度随之逐渐下降。

不同的火灾扑灭方法不同，根据可燃物的类型和燃烧特性，《火灾分类》（GB/T 4968—2008）将火灾分为 A、B、C、D、E、F 六大类。

A 类火灾：指固体物质火灾。这种物质通常具有有机物质性质，一般在燃烧时能产生灼热的余烬。如木材、干草、煤炭、棉、毛、麻、纸张等火灾。

B 类火灾：指液体或可熔化的固体物质火灾。如煤油、柴油、原油、甲醇、乙醇、沥青、石蜡、塑料等火灾。

C 类火灾：指气体火灾。如煤气、天然气、甲烷、乙烷、丙烷、氢气等火灾。

D 类火灾：指金属火灾。如钾、钠、镁、铝镁合金等火灾。

E类火灾：指带电火灾。物体带电燃烧的火灾。

F类火灾：指烹饪器具内的烹饪物（如动植物油脂）火灾。

火灾的发生造成的损失不同，2007年6月26日公安部下发的《关于调整火灾等级标准的通知》，新的火灾等级标准由原来的特大火灾、重大火灾、一般火灾三个等级调整为特别重大火灾、重大火灾、较大火灾和一般火灾四个等级。火灾等级常常以造成的死亡人数来划分（“以上”包括本数，“以下”不包括本数）。

① 特别重大火灾：指造成30人以上死亡，或者100人以上重伤，或者1亿元以上直接财产损失的火灾。

② 重大火灾：指造成10人以上30人以下死亡，或者50人以上100人以下重伤，或者5000万元以上1亿元以下直接财产损失的火灾。

③ 较大火灾：指造成3人以上10人以下死亡，或者10人以上50人以下重伤，或者1000万元以上5000万元以下直接财产损失的火灾。

④ 一般火灾：指造成3人以下死亡，或者10人以下重伤，或者1000万元以下直接财产损失的火灾。

2.1.3 爆炸

爆炸是物质在外界因素下发生物理化学变化，瞬间释放出巨大的能量和大量气体，发生剧烈的体积变化的现象。也就是物质迅速发生变化，瞬间以机械功的形式放出巨大能量和发出声响，或者气体在瞬间发生剧烈膨胀的现象。爆炸可分为物理爆炸和化学爆炸。

物理爆炸是由某些介质中温度或压力急剧升高而引发的。如一些机械的高速运转与其他器材发生碰撞而产生巨大的能量，地震是地壳运动或者是板块间发生的碰撞，强电火花、雷电现象等都属于物理爆炸现象。化学爆炸是指物质在一定条件下发生化学反应，导致能量的剧烈释放而引发的爆炸。如TNT的爆炸，甲烷与空气混合产生的爆炸等。核爆炸是核裂变或者核聚变反应所释放的核能，核爆炸的能量最具有破坏性和杀伤力。无论是哪一种爆炸都是在极短的时间内释放能量，而且爆炸的过程都会生产气体，产生的气体处于高压、高密度态，才会膨胀向外做功。

爆炸发生的四个基本因素是：温度、压力、爆炸物的浓度和点火源。温度或压力是爆炸发生的前提条件，气体或粉尘混合物处在爆炸极限内和具有点火能是爆炸发生的决定因素。引起爆炸性混合物燃烧爆炸需要的最小能量为最小点火能。最小点火能越小，说明该物质越容易被引燃。爆炸发生的点火能往往非常小，可能的形式包括电火花、摩擦热、静电甚至是光波。

爆炸会造成多大的影响往往取决于爆炸产生的压力。可燃气体、可燃液体蒸气或可燃粉尘与空气的混合物、爆炸物品在密闭容器中爆炸产生的压力称为爆炸压力。爆炸压力可以根据燃烧反应方程式或气体的内能进行计算，但通常是靠测量出来的。物质不同，爆炸压力也不同，即使是同一种物质因周围环境、原始压力、温度等不同，其爆炸压力也不同。最大爆炸压力愈高，最大爆炸压力时间愈短，最大爆炸压力上升速度愈快，说明爆炸威力愈大，该混合物或化学品愈危险。

点燃在空气中的气体或粉尘，气体或粉尘可能会引爆，或者会很快停止。究竟会发生哪种情况，是由气体或粉尘在空气中的浓度来决定的。气体或粉尘浓度太低，没有足够的燃料来维持爆炸；气体或粉尘浓度太高，没有足够的氧气燃烧。气体只有在两个浓度之间才可能引爆，这两个浓度称为爆炸下限（LEL）、爆炸上限（UEL），习惯以百分比表示。它们是气体的爆炸极限（又称爆炸界限）。气体或蒸气的爆炸极限是以可燃性物质在混合物中的体积分数（%）来表示的，如氢与空气混合物的爆炸极限为4%～75%。可燃粉尘的爆炸极限是以单位体积混合物中可燃性物质的质量（g/m^3）来表示的，例如铝粉的爆炸极限为$40g/m^3$。气体或粉尘的爆炸危险性可用爆炸极限来衡量，爆炸极限越低，范围越大，危险性越大，在这个界限以外，即便有火源的存在，也不会发生燃烧，表2.1为常见气体的爆炸极限。装过易燃液体的容器比装满的更危险，因为空的容器形成的蒸气更容易与空气结合成爆炸混合物。

■ **表2.1 常见气体的爆炸极限**

气体名称	化学式	下限/%（体积分数）	上限/%（体积分数）
氢气	H_2	4.0	75
硫化氢	H_2S	4.3	45
甲烷	CH_4	5.0	15
甲醇	CH_3OH	5.5	44
氨气	NH_3	15	30.2
一氧化碳	CO	12.5	74

在一定的条件下，高浓度或者纯的可燃气体可以在空气中安静的燃烧，不会发生爆炸，也不会熄灭，这是因为燃烧反应是发生在气体与空气的接触界面上，可燃气体的燃烧通常是将可燃气体按照一定的流速从出口释放到空气中进行燃烧反应的，接触界面只有出口处的可燃气体与空气，燃烧释放的热量相对较少，不会在短时间内聚集大量的热而发生爆炸。

爆炸极限不是一个固定的值，其受外界各因素影响而变化。影响爆炸极限的因素主要有以下几种。

(1) 初始温度

爆炸性混合物的初始温度越高，混合物分子内能越大，燃烧反应越容易进行，则爆炸极限范围就越宽。所以，温度升高使爆炸性混合物的危险性增加。表2.2列出了初始温度对煤气爆炸极限的影响。

■ **表2.2 初始温度对煤气爆炸极限的影响**

初始温度/℃	下限/%（体积分数）	上限/%（体积分数）
20	6.0	13.4
100	5.45	13.5
200	5.05	13.8
300	4.40	14.25
400	4.00	14.7
500	3.65	15.35
600	3.35	16.40
700	18.75	18.75

(2) 初始压力

爆炸性混合物初始压力对爆炸极限影响很大，一般爆炸性混合物初始压力在增压的情况下，爆炸极限范围扩大。这是因为压力增加，分子间碰撞概率增加，燃烧反应更容易进行。表2.3列出了初始压力对甲烷爆炸极限的影响。一般情况下，随着初始压力增大，爆炸上限明显提高，在已知的可燃气体中，只有一氧化碳是随着初始压力的增大，爆炸极限范围缩小。

■ 表2.3 初始压力对甲烷爆炸极限的影响

初始压力/MPa	下限/%（体积分数）	上限/%（体积分数）
0.1013	5.6	14.3
1.013	5.9	17.2
5.605	5.4	29.4
12.66	5.7	45.7

(3) 容器的材质和尺寸

实验表明，容器管道直径越小，爆炸极限范围越小。对于同一可燃物质，管径越小，火焰蔓延速度越小。当管径小到一定程度时，火焰便不能通过。这一间距称作最大灭火间距，亦称作临界直径。当管径小于最大灭火间距时，火焰便不能通过而被熄灭。

容器大小对爆炸极限的影响也可以从器壁效应得到解释。燃烧是自由基进行一系列连锁反应的结果。只有自由基的产生数大于消失数时，燃烧才能继续进行。随着管道直径的减小，自由基与器壁碰撞被吸附的概率增加，有碍于新自由基的产生。当管道直径小到一定程度时，自由基消失数大于产生数，燃烧便不能继续进行。

容器材质对爆炸极限也有很大影响。如氢和氟在玻璃器皿中混合，即使在液态空气温度下，置于黑暗中也会产生爆炸。而在银制器皿中，在一般温度下才会发生反应。

(4) 惰性介质

爆炸性混合气体中，随着惰性介质含量的增加，爆炸极限范围缩小。当惰性气体含量增加到某一值时，爆炸不再发生。在一般情况下，爆炸性混合物中惰性气体含量增加，对其爆炸上限的影响比对爆炸下限的影响更为显著。这是因为在爆炸性混合物中，随着惰性气体含量的增加，氧的含量相对减少，而在爆炸上限浓度下氧的含量本来就很小，故惰性气体含量稍微增加一点，爆炸上限就剧烈下降。

2.1.4 火灾和爆炸的预防及扑灭方法

火灾的预防首要是加强宣传教育，提高全民的防火意识，普及消防知识，提高群众的报警意识；其次是对消防器材的维修和保护；最后，加强消防灭火的演练，最大限度地减少火灾损失。

防火措施包括控制可燃物，隔绝助燃物和消灭着火源，这三种措施的目的是防止燃烧的三个必要条件一起出现。灭火的方法也是基于燃烧三要素，包括：隔离空气法、冷却法、可燃物隔离法和化学抑制法。

隔离空气法是指将可燃物质与空气分开，使其缺氧而熄灭。如酒精灯的熄灭是将酒精灯盖封住，隔绝空气致其熄灭。二氧化碳灭火原理是因为二氧化碳比空气重，本身不燃烧也不支持燃烧，其覆盖在可燃物上可阻隔空气，使火熄灭。

冷却法是用水直接喷射到燃烧的物体上，使温度降至燃点以下，产生水汽、二氧化碳而隔绝空气。水是一种很好的灭火剂，但有些物质的燃烧并不能用水浇灭。如金属钠、钾遇水会发生反应，放出大量热量，甚至会发生爆炸。由电器发生的火灾也不能用水进行灭火，可能会引发触电事故。

可燃物隔离法是将可燃物和火源隔离。如森林的灭火，常常开辟隔离带，使火势的蔓延得到控制。

化学抑制法就是用含氮的化学灭火器喷射到燃烧物上，使灭火剂参与到燃烧中，发生化学作用，覆盖火焰使燃烧的化学链反应中断，使火熄灭。

对于特殊的燃烧材料，如自燃物料只要点燃一下，就会完全燃烧光，这种反应一旦发生就极难控制住。对于普通的燃烧，需要足够的氧气来维持，我们就可以从控制燃烧的三个必要条件进行灭火。扑救火灾的一般原则包括以下几个。

① 报警早、损失少　报警应沉着冷静，及时准确，简明扼要地报出起火部门和部位、燃烧的物质、火势大小；如果拨叫 119 火警电话，还必须讲清楚起火单位名称、详细地址、报警电话号码，同时派人到消防车可能来到的路口接应，并主动及时地介绍燃烧的性质和火场内部情况，以便迅速组织扑救。

② 边报警，边扑救　在报警的同时，要及时扑救，在初起阶段由于燃烧面积小，燃烧强度弱，放出的辐射热量少，是扑救的有利时机，只要不错过时机，可以用很少的灭火器材（如一桶黄沙）或少量水就可以扑灭，所以，就地取材，不失时机地扑灭初起火灾是极其重要的。

③ 先控制，后灭火　在扑救火灾时，应首先切断可燃物来源，然后争取灭火一次成功。

④ 先救人，后救物　在发生火灾时，如果人员受到火灾的威胁，人和物相比，人是主要的，应贯彻执行救人第一、救人与灭火同步进行的原则，先救人后疏散物资。

⑤ 防中毒，防窒息　在扑救有毒物品时要正确选用灭火器材，尽可能站在上风向，必要时要佩戴面具，以防中毒或窒息。

⑥ 听指挥，莫惊慌　平时加强防火灭火知识学习，并积极参与消防训练，才能做到一旦发生火灾不会惊慌失措。

2.1.5　各种特殊火灾的扑救

当发生火灾时，一定要保持镇静，并根据可燃物的种类、火势情况、气象条件、现场状况等因素来选择合适的灭火方法进行扑救。

2.1.5.1　电气火灾的扑灭

当电气设备发生火灾或引燃附近可燃物时，首先要切断电源，然后进行扑救。而在极其特殊的情况下，例如等待切断电源会贻误时机，或者切断电源后严重影响生产和安全，只能带电灭火，在此情况下，必须注意如下几点：

① 针对带电火灾，不能使用可导电的灭火剂（如水、泡沫等），应使用二氧化碳、干粉等不导电的灭火剂。消防人员在带电灭火时除穿好消防服外，还应穿戴好绝缘手套和绝缘鞋，站在上风侧尽可能靠近火源的位置。

② 操作时要小心谨慎，防止使用的消防器材或身体直接与带电部分接触，造成触电事故。

③ 当导线尤其是高压线落地时，在进入区域时一定要穿好绝缘鞋，防止跨越电缆时触电。

④ 在扑救有油的电气设备（如变压器、油开关等）的火灾时，应使用干燥黄沙盖住火焰，使其熄灭。如果储油的容器外面局部着火，而设备没有损坏时，可用二氧化碳、干粉灭火剂扑救；如果火势较大，对附近电气设备有威胁时，应切断电源，用喷雾水枪扑救。若设备受到破坏，其中的油开始燃烧时，也应切断电源，并用大量泡沫扑救，使喷逸出的油流入事故储油地，或用隔油的设施阻止油料流淌蔓延，要防止着火油料流入电缆沟。

⑤ 针对旋转电机设备的火灾，为防止设备变形，可用喷雾水枪扑救，使其均匀冷却；也可用二氧化碳和干粉灭火剂扑救。但不能用黄沙灭火，因黄沙会落入设备内而使其损坏。

2.1.5.2 油类火灾的扑灭

油类火灾是工业中尤其是石化行业常见的一种火灾，若扑救不及时可能会发生爆炸，必须加以重视。在扑灭该类火灾时必须注意以下事项。

① 由于油作为液体具有流动性，对大量流散的油品，要采取筑堤堵截等办法，防止流动火势的蔓延。

② 比水轻的油类能够浮在水面上燃烧，并随水流蔓延而扩大，因此在扑灭此类火灾时不能直接用水。

③ 针对储油地的火灾，多采用空气泡沫或干粉进行灭火。对原油、残渣油或沥青等油池火灾，也可以用喷雾水或直流水进行扑救。操作应在油地的上风向进行，同时要做好防护工作，消防人员一般应穿着防火隔热服，必要时对接近火源的管枪手和水枪手用喷雾水进行掩护。

④ 扑救油桶堆垛火灾时，要特别注意冷却桶垛，防止油桶爆炸，并根据桶垛及火势情况，边灭火边疏散油桶。扑救时，采用水冷却和泡沫、干粉的灭火方法。

2.1.5.3 地下工程火灾的扑灭

和地面建筑相比，地下工程的火灾危险性及消防难度也更大，其具有如下特点。

① 地面人员很难准确掌握地下火灾的地点及规模，决策者也就很难对火灾状况做出正确判断和采取恰当的消防措施。

② 地下空间充满浓烟及热气，增加消防人员活动的困难性。有时浓烟及热气自与地表的通路排出，阻止消防人员进入。

③ 受通路尺寸、结构的限制，有时无法把消防设备运到地下，或者与逃出的人群相遇而受阻，延误灭火时机。

地下工程火灾扑救的方法有直接法、隔离密闭法和惰性气体法。方法的选择取决于火灾的性质、地点、范围、发展阶段等，应尽可能采用直接法扑救。常见的扑救方法可选择以下几种。

① 直接扑救法　通常采用水、灭火器、沙土、空气泡沫等在火源附近直接扑灭，或者将火源移走。

② 隔离封闭法　采取防火墙、水幕或防火卷帘门等措施，进行必要的防火防烟分隔或封闭，阻止空气的流入，使火灾因缺氧而熄灭。一般情况下，当不能用直接灭火法或用

其无效时采用该方法。

③ 惰性气体法　当地下火灾不能用上述方法扑救时，可应用此法，即往火区中注入惰性气体（二氧化碳、氮气、水蒸气等），排挤出火区的空气，降低空气中的氧含量，冷却火源，增加密闭区内的气压以减少漏风，使火灾由于缺氧而熄灭。

2.1.5.4　危险化学品火灾的扑救

危险化学品容易引发火灾、爆炸事故。由于不同化学品在不同情况下发生火灾时，扑救的方法差异很大。若处置不当，不仅不能缓解火灾，反而会使灾情更加严重。危险化学品本身具有的毒性和腐蚀性，极易造成人员的中毒。因此，扑救危险化学品火灾是一项极具挑战性的工作。扑救危险化学品火灾时，应注意以下事项：

① 不能单独进行灭火；

② 正确使用灭火剂；

③ 灭火的同时应考虑人员的安全。

2.2　消防设施的使用

消防器材主要包括灭火器、消防栓系统、消防破拆工具。灭火器分类方式繁多，如干粉灭火器、二氧化碳灭火器，家用灭火器、车用灭火器、森林灭火器，悬挂灭火器、枪式灭火器等。消防栓系统，包括消防栓、水带、水枪。消防破拆工具，包括消防斧、切割工具等。至于其他的，都属于消防系统，如火灾自动报警系统、自动喷水灭火系统、防排烟系统、防火分隔系统、消防广播系统、气体灭火系统、应急疏散系统等。

2.2.1　灭火器类器材

灭火器是一种可人力移动的轻便灭火器具，它能在其内部压力作用下，将所充装的灭火剂喷出，用来扑救火灾。灭火器由于结构简单，操作方便，轻便灵活，使用面广，是扑救初起火灾的重要消防器材。我国现行的国家标准将灭火器分为手提式灭火器和车推式灭火器。在实验室的工作人员，都必须了解各种消防设施，并且能正确使用。在火灾发生的时候，首先是保护好自己，其次是扑灭火灾。

灭火器由筒体、器头、喷嘴等组成，借助驱动压力可将所充装的灭火剂喷出，达到灭火的目的。灭火器种类繁多，其适用范围也有所不同，只有正确选择灭火器的类型，才能有效地扑救不同种类的火灾，达到预期的效果。按移动方式可分为手提式灭火器和推车式灭火器两类；按驱动灭火剂的动力来源可分为储气瓶式灭火器、储压式灭火器、化学反应式灭火器三类；按所充装的灭火剂可分为泡沫灭火器、干粉灭火器、卤代烷灭火器、二氧化碳灭火器、酸碱灭火器、清水灭火器等。实际工作中，应根据燃烧物质的性质、条件和现场的特点，灵活使用。下面介绍几种常见灭火器的使用方法。

2.2.1.1　干粉灭火器及其使用方法

干粉灭火剂是用于灭火的干燥且易于流动的微细粉末，由具有灭火效能的无机盐和少量的添加剂经干燥、粉碎、混合而成。它是一种在消防中得到广泛应用的灭火剂，且主要用于灭火器中。除扑救金属火灾的专用干粉化学灭火剂外，干粉灭火剂一般分为 BC 干粉灭火剂（碳酸氢钠等）和 ABC 干粉（磷酸铵盐等）两大类。目前市面和实验室主要配备的干粉灭火器内充装的是磷酸铵盐干粉灭火剂。

干粉灭火器筒体采用优质碳素钢经特殊工艺加工而成。此类灭火器具有结构简单、操作灵活、应用广泛、使用方便、价格低廉等优点。以ABC型灭火器为例，其主要由筒体、瓶头阀、喷射软管（喷嘴）等组成，灭火剂为干粉，驱动气体为二氧化碳，常温下其工作压力为1.5MPa（图2.1）。干粉由能灭火的基料和防潮剂、流动促进剂、结块防止剂等添加剂组成，主要成分是磷酸铵盐。干粉灭火器利用二氧化碳气体或氮气气体作动力，将筒内的干粉喷出而灭火。干粉灭火器除可扑灭一般可燃固体火灾外，还可扑救石油、有机溶剂等易燃液体、可燃气体和电气设备的初起火灾，即A类火灾、B类火灾、C类火灾和部分E类火灾。

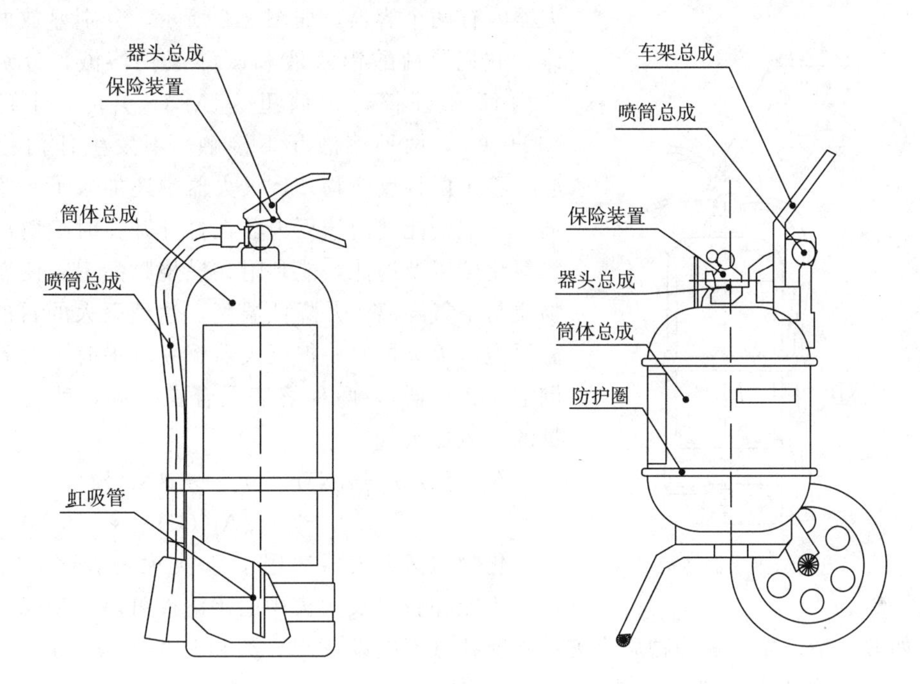

图2.1　干粉灭火器结构

干粉灭火器灭火主要有两个机制：一是靠干粉中无机盐的挥发性分解物，与燃烧过程中燃料所产生的自由基或活性基团发生化学抑制和负催化作用，使燃烧的链反应中断而灭火；二是靠干粉的粉末落在可燃物表面外，发生化学反应，并在高温作用下形成一层玻璃状覆盖层，从而隔绝氧，进而窒息灭火。另外，还有部分稀释氧和冷却的作用。

灭火时，可手提或肩扛灭火器快速奔赴火场，在距燃烧处5m左右，放下灭火器。如在室外，应选择在上风方向喷射。使用的干粉灭火器若是外挂式储压式的，操作者应一手紧握喷枪，另一手提起储气瓶上的开启提环。如果储气瓶的开启是手轮式的，则向逆时针方向旋开，并旋到最高位置，随即提起灭火器。当干粉喷出后，迅速对准火焰的根部扫射。使用的干粉灭火器若是内置式储气瓶或者储压式，操作者应先将开启压把上的保险销拔下，然后握住喷射软管前端喷嘴部，另一只手将开启压把压下，打开灭火器进行灭火。在灭火时，一手应始终压下压把，不能放开，否则会中断喷射。

干粉灭火器扑救可燃、易燃液体火灾时，应对准火焰根部扫射，但针对不同类型的燃烧，使用方法也有区别。如果被扑救的液体火灾呈流淌燃烧时，应对准火焰根部由近而远，并左右扫射，直至把火焰全部扑灭。如果可燃液体在容器内燃烧，使用者应对准火焰根部左右晃动扫射，使喷射出的干粉流覆盖整个容器开口表面；当火焰被赶出容器时，使用者仍应继续喷射，直至将火焰全部扑灭。在扑救容器内可燃液体火灾时，应注意不能将喷嘴直接对准液面喷射，防止喷流的冲击力使可燃液体溅出而扩大火势，造成灭火困难。如果可燃液体在金属容器中燃烧时间过长，容器壁的温度已经高于扑救可燃液体的自燃点，此时极易发生灭火后再复燃的现象，若与泡沫类灭火器联用，则灭火效果更佳。

2.2.1.2　泡沫灭火器及其使用方法

泡沫灭火器分为两种，一种是化学泡沫灭火器，另一种是空气泡沫灭火器。化学泡沫灭火器内有两个容器，如图 2.2 所示，分别盛放两种液体，它们是硫酸铝溶液和碳酸氢钠溶液，分别放置在内筒和外筒，内筒里为 $Al_2(SO_4)_3$，外筒里为 $NaHCO_3$，两种溶液互不接触，不发生任何化学反应。除了两种反应物外，灭火器中还加入了一些发泡剂。发泡剂能使泡沫灭火器在打开开关时喷射出大量二氧化碳以及泡沫，能黏附在燃烧物品上，使燃着的物质与空气隔离，并降低温度，达到灭火的目的。当需要泡沫灭火器时，把灭火器倒立（平时千万不能碰倒泡沫灭火器），两种溶液混合在一起，就会产生大量的二氧化碳气体。

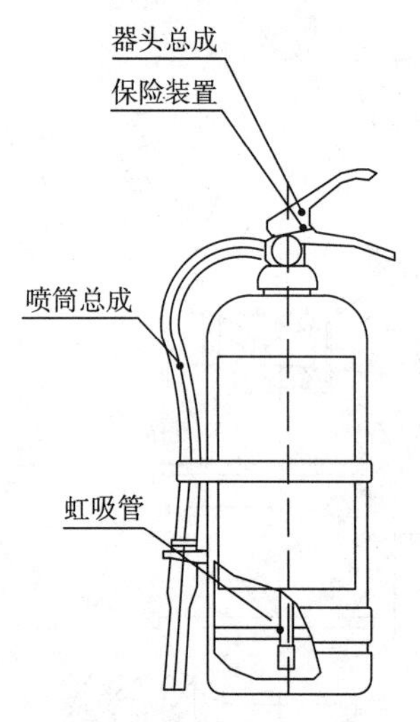

图 2.2　泡沫灭火器结构

$$Al_2(SO_4)_3 + 6NaHCO_3 \longrightarrow 3Na_2SO_4 + 2Al(OH)_3 \downarrow + 6CO_2 \uparrow$$

化学泡沫灭火器适用于 A 类火灾和部分 B 类火灾，不能扑救 B 类火灾中的水溶性可燃、易燃液体的火灾，如醇、酯、醚、酮等物质火灾；不能扑救带电设备及 C 类和 D 类火灾。

使用化学泡沫灭火器灭火时，可手提筒体上部的提环迅速奔赴火场。此时应注意不得使灭火器过分倾斜，更不可横拿或颠倒，以免两种药剂混合而提前喷出。当距离着火点 10m 左右，即可将筒体颠倒过来，一只手紧握提环，另一只手扶住筒体的底圈，将射流对准燃烧物。在扑救可燃液体火灾时，如已呈流淌状燃烧，则将泡沫由近而远喷射，使泡沫完全覆盖在燃烧液面上；如在容器内燃烧，应将泡沫射向容器的内壁，使泡沫沿着内壁流淌，逐步覆盖着火液面。切忌直接对准液面喷射，以免由于射流的冲击，反而将燃烧的液体冲散或冲出容器，扩大燃烧范围。在扑救固体物质火灾时，应将射流对准燃烧最猛烈处。灭火时随着有效喷射距离的缩短，使用者应逐渐向燃烧区靠近，并始终将泡沫喷在燃烧物上，直到扑灭。使用时，灭火器应始终保持倒置状态，否则会中断喷射。

空气泡沫灭火器的原理基本上与化学泡沫灭火器相同，相比化学泡沫灭火器能额外扑救水溶性易燃、可燃液体的火灾，如醇、醚、酮等溶剂燃烧的初起火灾。使用时可手提或肩扛灭火器迅速奔赴火场，距燃烧物 6m 左右处，拔出保险销，一手握住开启压把，另一手紧握喷枪；用力捏紧开启压把，打开密封或刺穿储气瓶密封片，空气泡沫即可从喷枪口喷出。灭火方法与手提式化学泡沫灭火器相同。但使用空气泡沫灭火器时，应使灭火器始终保持直立状态，切勿颠倒或横卧使用，否则会中断喷射。同时应一直紧握开启压把，不能松手，否则也会中断喷射。

2.2.1.3 二氧化碳灭火器及其使用方法

二氧化碳作为灭火剂已具有一百多年的使用历史，其价格低廉，获取、制备容易，其主要依靠窒息作用和部分冷却作用灭火。二氧化碳具有较高的密度，约为空气的 1.5 倍。在常压下，液态的二氧化碳会立即气化，一般 1kg 的液态二氧化碳可产生约 0.5m^3 的气体。因而，灭火时，二氧化碳气体可以排除空气而包围在燃烧物体的表面或分布于较密闭的空间中，降低可燃物周围或防护空间内的氧浓度，产生窒息作用而灭火。另外，二氧化碳从储存容器中喷出时，会由液体迅速气化成气体，而从周围吸收部分热量，起到冷却的作用。二氧化碳灭火器结构如图 2.3 所示。

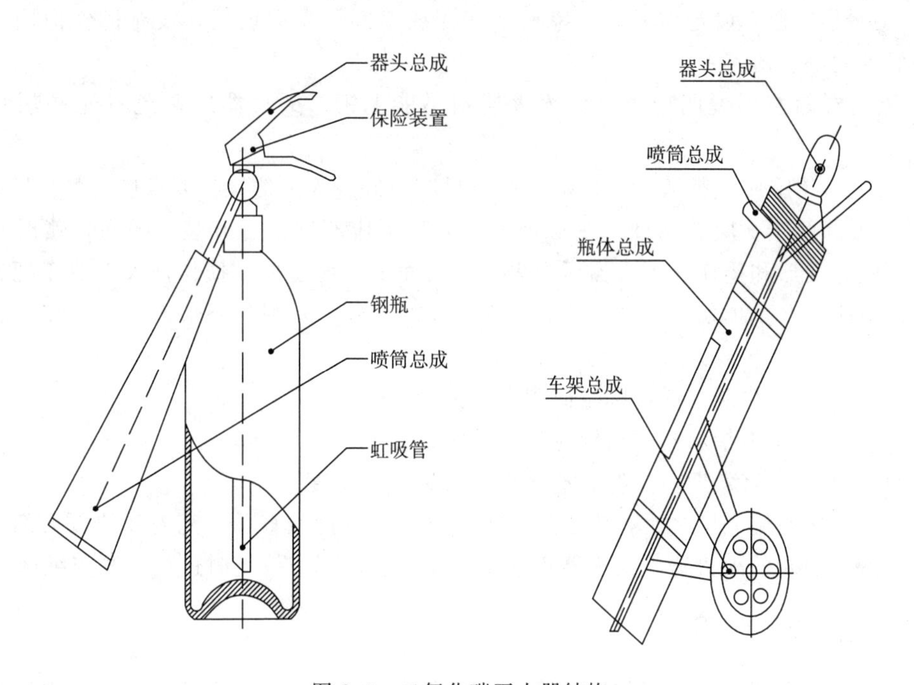

图 2.3　二氧化碳灭火器结构

由于二氧化碳有流动性好、喷射率高、不腐蚀容器和不易变质等优良性能，可用来扑灭图书、档案、贵重设备、精密仪器、600V 以下电气设备及油类的初起火灾，也适用于扑救 B 类火灾（如煤油、柴油、原油、甲醇、乙醇、沥青、石蜡等火灾）、C 类火灾（如煤气、天然气、甲烷、乙烷、丙烷、氢气等火灾）和 E 类火灾（物体带电燃烧的火灾）。

按二氧化碳的充装量分为 2kg、3kg、5kg、7kg 四种手提式的规格和 20kg、25kg 两种推车式规格。按移动形式分为手提式和推车式。按结构可分为凹底式和有底圈式。一般凹底式手提二氧化碳灭火器应挂在墙上待用，以免凹底直接与地面接触，因潮气等而影响使用安全和寿命。

灭火时只要将灭火器提到或扛到火场，在距燃烧物 5m 左右，放下灭火器，拔出保险销，一手握住喇叭筒根部的手柄，另一只手紧握启闭阀的压把。对没有喷射软管的二氧化碳灭火器，应把喇叭筒往上转 70°～90°。使用时，不能直接用手抓住喇叭筒外壁或金属连接管，防止手被冻伤。灭火时，当可燃液体呈流淌状燃烧时，使用者应将二氧化碳灭火剂的喷流由近而远向火焰喷射。如果可燃液体在容器内燃烧时，使用者应将喇叭筒提起，从容器的一侧的上部向燃烧的容器中喷射，不能将二氧化碳射流直接喷到可燃液面上，以防止将可燃液体冲出容器而扩大火势，造成灭火困难。

使用二氧化碳灭火器需注意 3 点原则：①要站在上风向；②使用时，不能直接手抓喇叭筒外壁或金属连接管，防止手被冻伤；③室内使用时，喷射完毕应及时撤离以免窒息。

2.2.1.4 灭火器的日常检查与维护

灭火器应定期检查与维护，以保障在火灾发生时，灭火器能处于有效工作状态，避免财产损失。灭火器检查内容应包括以下七个方面：

① 灭火器应置于设定位置，无障碍物，摆放稳固，没有埋压，没有挪作他用，责任人维护职责明确、落实；

② 灭火器的使用说明应朝外，灭火器箱不能上锁，灭火器应避免日光暴晒和强辐射热；

③ 灭火器铭牌应完整清晰，保险销和铅封应完好，灭火器操作要求应清楚易懂；

④ 灭火器筒体不应有锈蚀、变形现象，喷嘴不应有变形、开裂、损伤，喷射软管应畅通、不应有变形和损伤，灭火器压力表的外表面不应该变形、损伤，灭火器压把、阀体等金属件不应有严重损伤、变形、锈蚀，灭火器的橡胶、塑料件不应有变形、变色、老化或断裂；

⑤ 灭火器不应泄漏（通过称量或用手去掂量）；

⑥ 灭火器的压力指示器的指针应指在绿区；

⑦ 灭火器应在有效期内，符合消防产品市场准入制度。

灭火器每次使用完毕之后，应该送交到维修单位进行检查，补充内部的灭火剂与驱动气体，或者更换新的灭火器。灭火器不管是否使用过，都应该定时进行检测与维修。

2.2.2 消防栓的使用

消防栓主要供消防车从消防给水管网取水实施灭火，也可以直接与水带、水枪连接进行灭火。所以，室内外消防栓系统也是扑救火灾的重要消防设施之一。

消防栓、消防水带和消防枪一起使用，主要步骤为：①打开消防栓门，按下内部火警按钮（按钮是报警和启动消防泵的）；②一人接好枪头和水带奔向起火点；③另一人接好水带和阀门口；④逆时针打开阀门，水喷出即可。具体使用如图 2.4 所示。

2.2.3 防火与安全疏散设施

为加强实验室和实验楼的消防安全工作，对消防突发事故做出及时的响应，有效地控制事态的发展，尽可能减少后续的损失和灾害，将火灾事故造成的损失降低到最低限度，实验室和实验楼的建筑都应按照规定装置一些消防器材，用于在紧急时候提醒他人和逃生等。

消防器材种类繁多，功能齐全。在日常生活中，我们应该熟知常见消防器材的作用，在陌生的地方，应有意识地去了解周围的消防器材和通道。表 2.4 为了常见的消防器材及其作用。

a.打开或击碎箱门，取出消防水带

b.展开消防水带

c.水带一头接到消防栓接口上

d.另一头接上消防水枪

e.另外一人打开消防栓上的水阀开头

f.对准火源根部，进行灭火

图 2.4　消防栓的使用

■ **表 2.4　消防器材**

序号	消防器材	器材介绍
1		消防警铃：发生火灾时按下手动报警按钮，消防警铃就会发出火警警报，提醒人们发生火灾
2		消防栓报警按钮：当发生火灾时按下报警按钮，消防警铃就会发出火警警报，提醒人们发生火灾。同时，启动消防栓水泵

续表

序号	消防器材	器材介绍
3	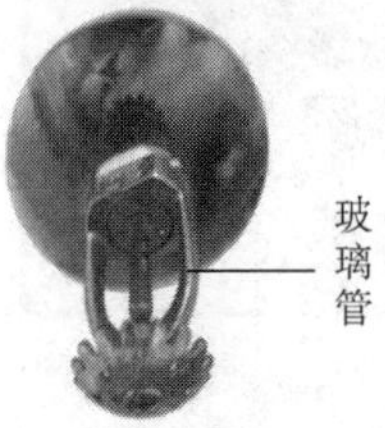 玻璃管	感温探测玻璃球：当温度达到68℃时，感温探测的玻璃管就会自动爆裂。喷淋系统则启动消防喷淋，自动喷水灭火
4		烟感探测器：当空气中烟的浓度达到一定程度时，烟感探测器就会自动报警，提醒人们发生火灾的位置
5		温感探测器：当空气中热量达到一定程度时，温感探测器就会自动报警，提醒人们发生火灾的位置
6	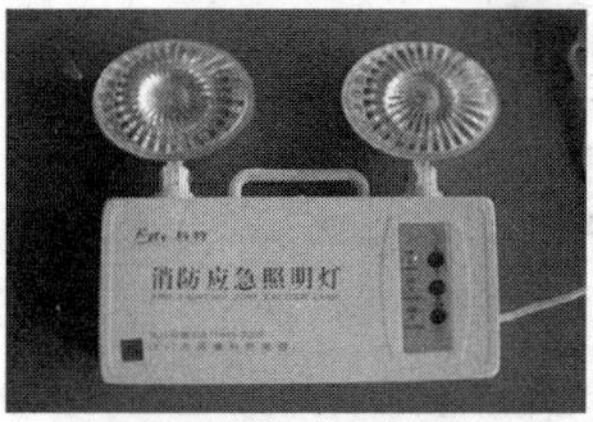	消防应急灯：发生火灾时通常会伴有停电等现象，消防应急灯是一种自动充电的照明灯，当发生火灾或停电时，消防应急灯会自动工作照明，指示安全通道和出口的位置，以免人们找不到安全出口而撞伤
7		地面疏散标识：地面疏散标识是一种具有无限次在亮处吸光、暗处发光的消防指示牌，它可挂、可贴，主要用于在火灾发生时在黑暗场所自动发光，指示安全通道、安全门
8		空中紧急疏散标示牌：空中紧急疏散标示牌和消防应急灯都是一种自动充电的照明灯，当发生火灾或停电时，紧急疏散标示牌会自动工作发光，指示人们安全通道和出口的位置
9	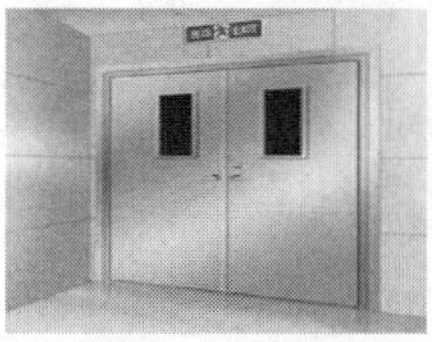	消防安全门：消防安全门是发生火灾时人们用来逃生的紧急安全出口，平时严禁上锁和堵塞

续表

序号	消防器材	器材介绍
10		手动报警按钮：遇突发火情时，按下紧急按钮，通过消防自动报警系统，自动启动消防警铃，发出警报
11		悬挂式干粉灭火装置：一般安装在易燃易爆的重点区域，如煤气房等，内装有一定量的干粉灭火剂，当温度达到68℃时，感温探测的玻璃管就会自动爆裂，喷淋装置则会自动喷干粉灭火

参考文献

[1] 佚名．消防安全知识［J］．幸福家庭，2015，(11)：4-5.

[2] 裴爱德斯．化学实验室安全手册［M］．北京：北京科学技术出版社，1958.

[3] 周听清．爆炸动力学及其应用［M］．合肥：中国科学技术大学出版社，2001.

[4] 孙喜庆．遇险生存与营救［M］．西安：第四军医大学出版社，2001.

[5] 黄中鼎，林慧丹．仓储管理实务［M］．武汉：华中科技大学出版社，2009.

扫码在线练习
掌握安全知识

第3章

安全用电

电是进行科学实验的基本条件，各种实验的观察、检测、分析等仪器设备都离不开电，但用电的同时也存在许多危险。若操作不当，会导致严重的电气事故，电气事故包括人身事故和设备事故。人身事故轻则受点皮外伤，重则使人丧命，造成严重的后果。设备事故轻则破坏仪器设备，重则引起火灾，导致不可逆转的损失。例如：缺少用电安全知识，面对高危用电容易引发触电、燃烧、爆炸等事故。因此，安全用电是除了掌握电的基本性能和规律外，还需要掌握安全用电的基本知识。

3.1 电的基础知识

电流本质上是物质内所含的电子或其他载流子的运动，电能是电子或其他载流子运动的一种能量表现形式。

3.1.1 电的基本概念

电荷是物体或构成物体的质点所带的正电或负电，带正电的粒子叫正电荷（表示符号为“+”），带负电的粒子叫负电荷（表示符号为“−”），电荷的单位是库仑，简称 C。电荷是客观存在的一种物质，既不能创造也不能消灭。同种电荷相互排斥，异种电荷相互吸引。电子是它的最小单位，一个电子所带的电荷为 1.6×10^{-19} C（库仑）。描述电的性质包括电荷、电位、电流、电压和电动势等概念。

电位是电工电子技术常用的概念，与物理学中电势的概念相同，单位为 V（伏特）、kV（千伏）或 mV（毫伏）等。实际上所说某一点的电位，是指该点相对于电位参考点而言的电位差。通常，多是选择大地作为零电位点。参考点在电路图中标为“接地”符号，即“⏚”，含义为电位等于 0V（0 伏特）。

大自然有很多种承载电荷的载流子，例如，导电体内可移动的电子、电解液内的离子、等离子体内的电子和离子、强子内的夸克。这些载流子的运动，形成了电流。单位时间里通过导体任意横截面的电量叫电流强度，简称电流。通常用字母 I 表示，电流的单位为安培（A）、毫安（mA）或微安（μA）等。

电荷在导体中做定向运动时，一定要受到力的作用。如果这个力源是电场，则电荷运动就要消耗电场能量，或者说电场力对电荷做了功。以电压来衡量电场力对电荷做功的能力。电压，也称作电势差或电位差，是衡量单位电荷在静电场中由于电势不同所产生的能量差的物理量。其大小等于单位正电荷因受电场力作用从 A 点移动到 B 点所做的功，电压的方向规定为从高电位到低电位。电压的国际单位制为伏特（V，简称伏），常用的单位还有毫伏（mV）、微伏（μV）、千伏（kV）等。在分析电路之前，可以任意选择某一方向为电压的参考方向。当实际电压方向与参考方向一致时，电压值为正，反之为负。

电阻是描述导体导电性能的物理量，表示导体对电流阻碍作用的大小，用 R 表示。电阻由导体两端的电压 U 与通过导体的电流 I 的比值来定义，即 $R=U/I$。当导体两端的电压一定时，电阻愈大，通过的电流就愈小；反之，电阻愈小，通过的电流就愈大。因此，电阻的大小可以用来衡量导体对电流阻碍作用的强弱，即导电性能的好坏。电阻的量值与导体的材料、形状、体积以及周围环境等因素有关。不同导体的电阻按其性质的不同还可分为两种类型：一类称为线性电阻或欧姆电阻，满足欧姆定律；另一类称为非线性电阻，不满足欧姆定律。电阻的倒数 $1/R$ 称为电导，也是描述导体导电性能的物理量，用 G 表示。电阻的单位在国际单位制中是欧姆（Ω），简称欧。电导的国际单位制单位是西门子（S），简称西。

电阻率是用来表示各种物质电阻特性的物理量。某种物质所制成的元件（常温下20℃）的电阻与横截面积的乘积与长度的比值称为这种物质的电阻率。电阻率与导体的长度、横截面积等因素无关，是导体材料本身的电学性质，由导体的材料决定，且与温度有关。在温度不变时，一定材料的导体的电阻与它的长度成正比，与它的截面积成反比，$R=\rho L/S$，ρ 为电阻率，L 为电阻长度，S 为电阻截面积。电阻率在国际单位制中的单位是Ω·m，读作欧姆米，简称欧米。

电阻率在 $10^{-6}\sim10^{-8}$Ω·m 范围内，因含有大量能够在电场力作用下自由移动的带电粒子而能很好地传导电流的物体，称作导体，如各种金属、碳棒等。电阻率在 $10^{8}\sim10^{20}$Ω·m 范围内，导电性能很差，在一般温度下几乎不导电的物体，为绝缘体或介电质，如空气、胶体等。电阻率的大小与材料和温度有关。对金属材料而言，其电阻率随温度的升高而增大；对绝缘体和半导体而言，其电阻率随温度的升高而减小。

3.1.2 电的分类

根据自由电子在传导物体内是否移动，其方向是否随时间而改变及如何改变等特性，可将电大概划分为三种类型：静电、直流电和交流电。其中直流电和交流电可为人所用，统称为动力电。

(1) 静电

静电是一种处于静止状态的电荷或者说不流动的电荷（流动的电荷就形成了电流）。当电荷聚集在某个物体上或表面时就形成了静电，而电荷分为正电荷和负电荷两种，也就是说静电现象也分为两种，即正静电和负静电。当正电荷聚集在某个物体上时就形成了正静电，当负电荷聚集在某个物体上时就形成了负静电。但无论是正静电还是负静电，当带静电物体接触零电位物体（接地物体）或与其有电位差的物体时都会发生电荷转移，就是我们日常见到的火花放电现象。例如，北方冬天天气干燥，人体容易带上静电，当接触他人或金属导电体时就会出现放电现象，人会有触电的针刺感；夜间能看到火花，这是化纤衣物与人体摩擦人体带上正静电的原因（由基本物理知识知道橡胶棒与毛皮摩擦，橡胶棒带负电，毛皮带正电）。静电并不是静止的电，是宏观上暂时停留在某处的电。人在地毯或沙发上立起时，人体电压也可高达1万多伏，而橡胶和塑料薄膜行业的静电更是可高达10多万伏。在日常生活中所说的摩擦实质上就是一种不断接触与分离的过程。有些情况下不摩擦也能产生静电，如感应静电起电、热电和压电起电、喷射起电等。任何两个不同材质的物体接触后再分离，即可产生静电，而产生静电的普遍方法，就是摩擦生电。材料的绝缘性越好，越容易产生静电。因为空气也是由原子组合而成的，所以可以这么说，在人们生活的任何时间、任何地点都有可能产生静电。要完全消除静电几乎不可能，但可以采取一些措施控制静电使其不产生危害，或者为工农业生产所用。

静电的危害很多，它的第一大危害来源于带电体的互相作用。在飞机机体与空气、水气、灰尘等微粒摩擦时会使飞机带电，如果不采取措施，将会严重干扰飞机无线电设备的正常工作，使飞机飞行存在隐患；在印刷厂里，纸张之间的静电会使纸页黏合在一起，难以分开，给印刷带来麻烦；在制药厂里，由于静电吸附尘埃，会使药品达不到标准的纯度；在放电视时荧屏表面的静电容易吸附灰尘和油污，形成一层尘埃的薄膜，使图像的清晰程度和亮度降低；在混纺衣服上常见而又不易拍掉的灰尘，也是静电引起的。静电的第二大危害，是有可能因静电火花点燃某些易燃物体而发生爆炸。漆黑的夜晚，人们脱尼龙、毛料衣服时，会发出火花和"叭叭"的响声，这对人体基本无害。但在手术台上，电火花会引起麻醉剂的爆炸，伤害医生和病人；在煤矿，则会引起瓦斯爆炸，导致工人死伤，矿井报废。总之，静电放电引起可燃物的起火和爆炸是静电最严重的危害。人们常说，防患于未然，防止产生静电的措施一般都是降低流速和流量，改造起电强烈的工艺环节，采用起电较少的设备材料等。最简单又最可靠的办法是用导线把设备接地，这样可以把电荷引入大地，避免静电积累。细心的乘客会发现在飞机的两侧翼尖及飞机的尾部都装有放电刷，飞机着陆时，为了防止乘客下飞机时被电击，飞机起落架上大多使用特制的接地轮胎或接地线，以泄放掉飞机在空中所产生的静电荷。我们还经常看到油罐车的尾部拖一条铁链，这就是车的接地线。适当增加工作环境的湿度，让电荷随时放出，也可以有效消除静电。潮湿的天气里不容易做好静电试验，就是这个道理。科研人员研究的抗静电剂，则能很好地消除绝缘体内部的静电。然而，任何事物都有两面性，我们也可以利用静电为人类服务。比如，静电印花、静电喷涂、静电植绒、静电除尘和静电分选技术等，已在工业生产和生活中得到广泛应用。静电也开始在淡化海水、喷洒农药、人工降雨、低温冷冻等许多方面大显身手，甚至在宇宙飞船上也安装有静电加料器等静电装置。

(2) 直流电

直流电（direct current，DC）又称"恒流电"。直流电的方向不随时间而变化，通常分为脉动直流电和稳恒电流。稳恒电流是直流电的一种，其大小和方向都不变。所有的电子和计算机硬件都需要直流电来工作，大多数工作电压范围为1.5～13.5V。直流电的工作范围从电子手表中接近于0到无线通信或功率放大器需要的超过100A，而使用真空管的设备，例如高能无线广播或者电视广播传输器或者阴极射线管（CRT）显示，都需要大约150V到几千伏特的直流电。

(3) 交流电

交流电（alternating current，AC）的电流方向随时间作周期性变化，在一个周期内的运行平均值为零。不同于直流电，它的方向是会随着时间发生改变的，并且直流电没有周期性变化。交流电通常波形为正弦曲线，此外还会用其他的波形，例如三角形波、正方形波。生活中使用的市电就是具有正弦波形的交流电。

交流电的频率是指它单位时间内周期性变化的次数，单位是赫兹，与周期成倒数关系。日常生活中的交流电的频率一般为50Hz或60Hz，而无线电技术中涉及的交流电频率一般较大，达到千赫兹（kHz）甚至百万赫兹（MHz）的量级。不同国家的电力系统的交流电频率不同，通常为50Hz或者60Hz。在亚洲使用50Hz的国家与地区主要有中国、日本、泰国、印度和新加坡，而韩国、菲律宾和中国台湾地区使用60Hz，欧洲大部分国家使用50Hz，美洲使用60Hz的国家主要是墨西哥、美国和加拿大。

目前，各国使用的交流电相位主要为单相及三相（图3.1）。单相交流电常见于民用，包括一条火线，一条零线，一条接地线，即单相三线制，市电的方根值220V，其峰值为311V。三相交流电是由三个频率相同、电势振幅相等、相位互差120°角的交流电路组成的电力系统。三相交流电常用于大功率用电设备，广泛用于工业用电。目前，我国生产、配送的都是三相交流电。三相电有两种制式：三相四线制和三相五线制，三相四线制指三条火线和一条中性线，三相五线制又多了一条接地线。

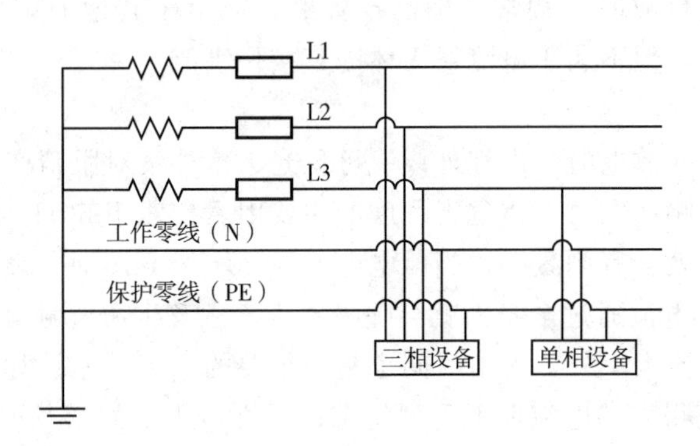

图3.1　三相设备和单相设备接线区分示意

3.1.3 电流对人体的伤害

人体的整个神经系统以电信号和电化学反应为基础。虽然人体涉及的能量很小，但接触外界的电压时，人的系统功能很容易被破坏，发生触电事故。人体类似一个灵敏的安培计，它的电阻随着不同的环境和个人而有差异。通过人体电流的大小与电压大小并不是直线相关的，因为随着电压的增加，人体表面的皮肤组织有类似于介质被击穿的现象，使人体的电阻迅速降低，电流增大，导致严重的触电事故。人体部位的电阻以皮肤为最大，当皮肤处于干燥、洁净和无伤痕的状态下，电阻可达40000～100000Ω；当皮肤处于潮湿、受伤或者沾着导电性的粉尘时，人体的电阻会降到1000Ω左右；若是除去皮肤，人体的电阻就会下降到600～800Ω。

电流对人体的伤害可分为两种类型：电击和电伤。电击是电流通过人体内部，破坏人的心脏、神经系统、肺部的正常工作造成的伤害。电伤是电流的热效应、化学效应或机械效应对人体造成的局部伤害，如电灼伤、电烙印、皮肤金属化等。

(1) 电灼伤

一般有接触灼伤和电弧灼伤两种，接触灼伤多发生在高压触电事故时通过人体皮肤的进出口处，灼伤处呈黄色或褐黑色并累及皮下组织、肌腱、肌肉、神经和血管，甚至使骨骼显炭化状态，一般治疗期较长，电弧灼伤多是由带负荷拉、合刀闸，带地线合闸时产生的强烈电弧引起的，其情况与火焰烧伤相似，会使皮肤发红、起泡、烧焦组织并坏死。

（2）皮肤金属化

皮肤金属化由于高温电弧使周围金属熔化、蒸发并飞溅渗透到皮肤表层所形成。皮肤金属化后，表面粗糙、坚硬。根据熔化的金属不同，呈现特殊颜色，一般铅呈现灰黄色，紫铜呈现绿色，黄铜呈现蓝绿色，金属化后的皮肤经过一段时间能自行脱离，不会有不良后果。

（3）电烙印

它发生在人体与带电体有良好接触，但人体不被电击的情况下，在皮肤表面留下和接触带电体形状相似的肿块瘢痕，一般不发炎或化脓。瘢痕处皮肤失去原有弹性、色泽，表皮坏死，失去知觉。

（4）机械性损伤

机械性损伤是电流作用于人体时，由于中枢神经反射和肌肉强烈收缩等作用导致的机体组织断裂、骨折等伤害。

此外，发生触电事故时，常常伴随高空摔跌，或由于其他原因所造成的纯机械性创伤，这虽与触电有关，但不属于电流对人体的直接伤害。

（5）电光眼

电光眼是发生弧光放电时，由红外线、可见光、紫外线对眼睛产生的伤害。

电流的大小是影响触电对人体危害程度的主要因素。对于50Hz交流电，只要有1mA的电流经过人体，手就会有刺激感，当触电电流为20～25mA时，就会引起剧痛和呼吸困难，当有50mA以上电流通过全身人就会呼吸停止，危及生命。触电时，对人体产生各种生理影响的因素除电流大小外，电击时间也是很重要的一个因素。如果电击时间极短，人体能耐受比50mA高得多的电流而不受到伤害；反之电击时间很长时，即使电流小到8～10mA，也可能使人致命。电流的种类和频率的不同对人体的危害性也不同。交流电比直流电危险程度大，触碰频率很高或很低的交流电的危险性比较小。电流流经人体时具有高频集肤效应，即电流大部分经过人的表面皮肤，避免电流对人体内部器官的损害，所以生命危险会小一点，但集肤效应会使皮肤烧焦。当电流流经人体时，会产生不同程度的刺痛和麻木，并伴随不自觉的皮肤收缩。肌肉收缩时，胸肌、膈肌和声门肌的强烈收缩会阻碍呼吸，而使触电者死亡。电流通过中枢神经系统的呼吸控制中心可使呼吸停止。电流通过心脏造成心脏功能紊乱，即室性颤动，会使触电者因大脑缺氧而迅速死亡。触电对人体的影响具体包括以下几方面的因素。

① 电流强度对人体的影响　通过人体的电流越大，人体的生理反应越明显，感觉越强烈，引起心室颤动所需的时间越短，致命的危险性就越大。根据电流通过人体所引起的感觉和反应不同可将电流分为：感知电流，即引起人的感觉最小的电流；摆脱电流，人触电以后能自主摆脱电源的最大电流；致命电流，在较短时间内危及生命引起心室颤动的最小电流。

② 电流通过人体的持续时间对人体的影响　随着电流通过人体时间的延长，对人体组织的破坏更加厉害，后果更为严重。

③ 作用于人体的电压对人体的影响　当人体电阻一定时，作用于人体的电压越高，通过的电流越大，对人体的危害更为严重。

④ 电源频率对人体的影响　常用的50～60Hz工频交流电对人体的伤害最为严重，频率偏离工频越远，交流电对人体伤害越轻。在直流和高频情况下，人体可以耐受更大的电流值，但高压高频电流对人体依然是十分危险的。

⑤ 人体电阻的影响　人体触电时，流过人体的电流（当接触电压一定时）由人体的电阻值决定。人体电阻越小，流过人体的电流越大，也就越危险。人体电阻主要包括人体内部电阻和皮肤电阻，而人体内部电阻是固定不变的，并与接触电压和外界条件无关，约为500Ω。皮肤电阻一般指手和脚的表面电阻，它随皮肤表面干湿程度及接触电压而变化。影响人体电阻的因素很多，除皮肤厚薄的影响外，皮肤潮湿、多汗、有损伤或带有导电性粉尘等，都会降低人体电阻；接触面积加大、接触压力增加也会降低人体电阻。a. 干燥场所的皮肤，电流途径为单手至双脚。b. 潮湿场所的皮肤，电流途径为单手至双脚。c. 有水蒸气，特别潮湿场所的皮肤，电流途径为双手至双脚。d. 游泳池或浴池中的情况，基本为体内电阻。

⑥ 电流通过不同途径的影响　电流通过人体的头部会使人立即昏迷，甚至醒不过来而死亡；电流通过脊髓，会使人半截肢体瘫痪；电流通过中枢神经或有关部位，会引起中枢神经系统强烈失调而导致死亡；电流通过心脏会引起心室颤动，致使心脏停止跳动，造成死亡。因此，电流通过心脏呼吸系统和中枢神经时，危害性最大。实践证明，从左手到脚是最危险的电流途径，因为在这种情况下，心脏直接处在电路内，电流通过心脏、肺部、脊髓等重要器官；从右手到脚的途径其危险性稍小，但一般也容易引起剧烈痉挛而摔倒，导致电流通过全身或摔伤。

⑦ 人体状况的影响　试验和分析表明电击危害与人体状况有关。女性对电流较男性敏感，女性的感知电流和摆脱电流均约为男性的2/3；儿童对电流较成人敏感；体重小的人对电流较体重大的人敏感；患有心脏病等疾病时遭受电击时的危险性较大，而健壮的人遭受电击的危险性相对小些。

3.2　常见触电的原因和类型

3.2.1　触电的类型

触电是人体触及带电体或带电体与人体之间电弧放电时，电流经过人体流入大地或是进入其他导体构成回路的现象。常见的触电方式有直接接触触电、间接接触触电和高压非接触触电。

直接接触触电是指人体直接接触到带电体或者是人体过分地接近带电体而发生的触电现象。

按触电受伤情况来分，人体触电分为“电击”与“电伤”两类。不同的触电情况对人体的危害程度不同。

① 个体差异：个体不同，对电流的敏感度不同；

② 通电途径：左手→胸＞手→脚＞脚→脚，电流从人体的左手流经至前胸时，对人体的伤害最严重；

③ 触电急救时间：触电急救的黄金时间是触电后的5～10min；

④ 电流的大小：工频50Hz下的感知电流＜摆脱电流＜致命电流；

⑤ 电流性质：25～300Hz 交流电＞直流电＞1000Hz 以上高频电流。

按触电电源类型来分，直接接触触电有单相触电和两相触电。

① 单相触电是指当人站在地面上，人体的某一部位触到某相火线而发生的触电现象。在低压供电系统中发生单相触电，人体所承受的电压几乎就是电源的相电压 220V（图 3.2）。

② 两相触电是指人体同时接触设备或线路中的两相导体而发生的触电现象。若人体触及一相火线、一相零线，人体承受的电压为 220V；若人体触及两根火线，则人体承受的电压为线电压 380V。两相触电对人体的危害更大（图 3.3）。

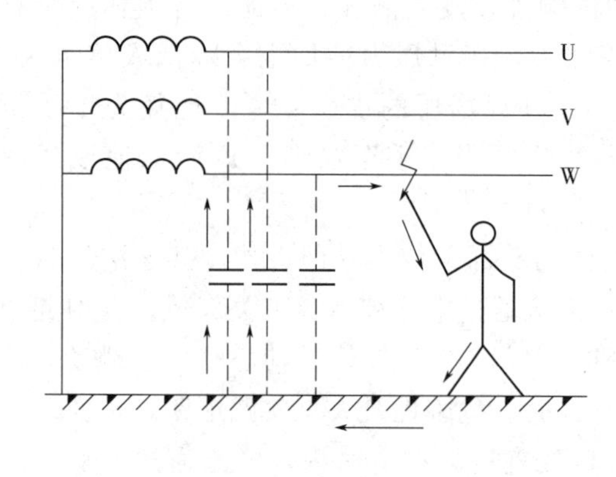

图 3.2　单相触电示意

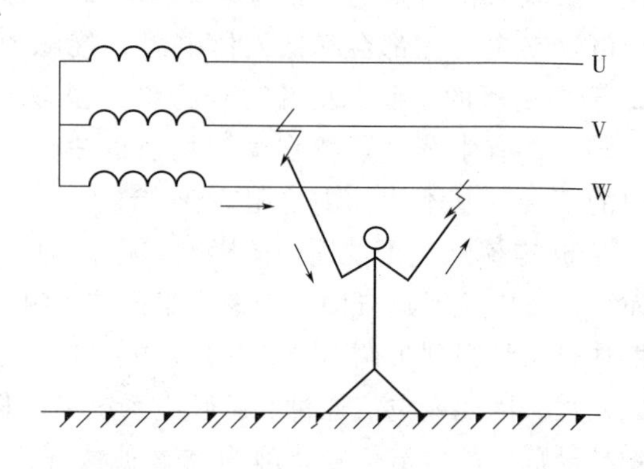

图 3.3　两相触电示意

间接接触触电是由于电气设备（包括各种用电设备）内部的绝缘故障而造成其外露可导电部分（如金属外壳）可能带有危险电压（在设备正常情况下，其外露可导电部分是不会带有电压的），当人员误接触设备的外露可导电部分时，便可能发生触电。间接接触触电是日常生活和工作中最常见的触电形式。

高压非接触触电有两种触电形式：电弧触电和跨步触电，这两种触电形式也属于非接触触电。

① 电弧触电　指的是人在靠近电线，但是不接触时。由于高压电线上的电压较大、磁场较强，因此人体内就会产生感应电。人体内的电流也会形成磁场。此时两种磁场相互排斥，就会将人弹开（其实叫“击飞”更妥当）。在这一过程中，人与电线之间，会产生电弧（电火花），并发出“啪啪”的响声。此时虽然人被弹开了，但是由于高压电产生的电流巨大，还是会对人产生较严重的烧灼伤，这一瞬间，可能致命。这也是高压电线旁边会写着“请勿靠近”的原因。

② 跨步触电　指的是通电中的高压电导体，与大地直接连接（比如电线垂到地上了），那么此时大地就带电压。如果人只有一个支点在地上（一只脚在地上），电流无法通过这一个支点进入人体再从人体出来，也就不会形成回路，不会触电。但是当人的两只脚都踩在地上，情况则截然不同。电线垂在地上，则地面上的电势以电线为圆心向外逐渐减弱。当我们两只脚一只距离圆心近一只距离圆心远的时候，两只脚之间就会产生电势差，从而产生电压。于是，人体就以两只脚为起始点，形成了通路，产生了电流。这种情况下，人会被电到僵直，以至于无法从触电位置逃离。这种两只脚跨步，产生电压的触电形式，就叫作“跨步电压”。其实不仅仅是两只脚，只要是人体的两个支点在地上，都有可能产生这种触电形式（图 3.4）。

接触电压和跨步电压的大小与接地电流的大小、土壤电阻率、设备的接地电阻和人体位置等因素有关。当人体误入电流入地点地面电位区域时，应两脚并拢或单腿跳跃，离开电位分布区8～10m以外。

图3.4 跨步电压触电示意

3.2.2 触电的原因

触电的原因归根结底是人为因素，主要有以下几方面。

(1) 凭经验工作

由于常常接触电气设备，往往会因此而麻痹大意，单凭经验去工作。在操作或检修电气设备时，不严格按照规程办事，结果酿成事故。如某厂电工在拆除由接触器控制的风机电机时，按下停止钮，认为已经无电，未经验电就进行检修，结果引起触电，后经检查，接触器仍有一相触头粘连，造成一相带电。

(2) 违章作业

违章作业常常是造成电工触电的重要原因。实践表明，大多数是由操作者本人过失所造成的。如某输油站，双回路供电，某日上午，二段进线外线路停电，准备更换避雷器。下午5时10分，电工高某和蒋某负责更换已停电的二段进线杆上的避雷器，由于物件较多，当监护人蒋某返回变电所取避雷器时，高某脱离监护视线，误登当时正在运行的一段进线电杆，被10kV高压电击落至杆下水田中，致使左手臂和裆部烧伤。粗心大意，不经核实，在监护人不在场的情况下单人作业，严重违反操作规程，直接导致了这次事故的发生。此案例充分说明了遵守操作规程的重要性。

(3) 绝缘能力降低或火线碰壳

电气设备陈旧或绝缘老化、受潮，在较大振动场所或经常要移动的设备，都容易发生漏电或火线碰壳。当触及这些设备而又无保护措施时，便会引起触电。较常见的是在携带式电动工具上发生的触电事故。此外，电气设备均应采取保护接零或保护接地措施，但实际上，有的接线很不规范。

(4) 不利环境

安装在有导电介质和酸、碱液等腐蚀介质中以及潮湿、高温等恶劣环境中的导线、电缆及电气设备，其绝缘容易老化、损坏，还会在设备外层附着一层带电物质而造成漏电。此外，在狭窄或光线昏暗的场所检修电气设备时，更易发生触电。

(5) 缺乏多方面的电气知识

电气设备多而繁杂，有变配电、继电保护、电机拖动装置及仪器仪表等，它们各有其结构特性和安全要求，因此很难对所有方面都熟悉，对新接触者来说更是如此。

(6) 电气设备维护保养不善

电气设备要经常维护保养，尤其是安装在恶劣环境的电气设备，若不做好经常性的维护保养工作，便极易造成绝缘老化，对设备接零、接地系统维护不善，会造成零线断路，接零接地失效；电机绝缘或接线破损会使外部带电；对铜铝过渡接头不加维护，会因接头过热而发生事故；对已损坏的电气设备零部件，如刀闸的胶盖、刀开关的灭弧罩、熔断器的插件、移动设备的电源线等，若不及时更换则极易引起触电；电线接头处用绝缘胶布缠绕，天长日久便会失去黏性，使接头裸露，误碰后即会造成触电。

(7) 其他不安全因素

如车间装接照明灯或其他负荷时，不可为贪图方便就借用其他设备上的零线。在检修该设备时，尽管已拉开开关，但设备上仍会有电串入而引发触电；又如因生产或检修需要而敷设临时线，有人认为反正是临时用电，随便用破旧电线应付使用，敷线时又不严格按照要求，这些隐患都是酿成触电的原因。

3.2.3 安全电压与安全电流

触电危及人生命的关键在于触电电流的大小，如脱毛衣时发出的火花电压达几万伏，但没有形成持续电流，所以不会电死人。根据欧姆定律（$I=U/R$）可知，流经人体电流的大小与外加电压和人体电阻有关。人体电阻除人的自身电阻外，还应附加上人体以外的衣服、鞋、裤等电阻，虽然人体电阻一般可达 5000Ω，但是，影响人体电阻的因素很多，如皮肤潮湿出汗、带有导电性粉尘、加大与带电体的接触面积和压力以及衣服、鞋、袜的潮湿油污等情况，均能使人体电阻降低，所以通常流经人体电流的大小是无法事先计算出来的。因此，为确定安全条件，往往不采用安全电流，而是采用安全电压来进行估算：一般情况下，也就是干燥而触电危险性较小的环境下，安全电压规定为 24V，对于潮湿而触电危险性较大的环境（如金属容器、管道内施焊检修），安全电压规定为 12V，这样，触电时通过人体的电流，可被限制在较小范围内，可在一定程度上保障人身安全。

人体对 0.5mA 以下的工频电流一般是没有感觉的。实验资料表明，对不同的人引起感觉的感知电流是不一样的，成年男性平均约为 1.0mA，成年女性约为 0.7mA。这时人体由于神经受刺激而感觉轻微刺痛。同样，不同的人触电后能自主摆脱电源的最大电流也不一样，成年男性平均为 16mA，成年女性为 10.5mA，这个数值称为摆脱电流。一般情况下，8～10mA 以下的工频电流，50mA 以下的直流电流可以当作人体允许的安全电流，但这些电流长时间通过人体也是有危险的（人体通电时间越长，电阻会越小）。在装有防止触电的保护装置的场合，人体允许的工频电流约 30mA，在空中，可能因造成严重二次事故的场合，人体允许的工频电流应按不引起强烈痉挛的 5mA 考虑（见表 3.1）。

■ **表 3.1 人体对电流的感知**

电流/mA	50Hz 交流电	直流电
0.6～1.5	手指开始感觉发麻	无感觉
2～3	手指感觉强烈发麻	无感觉
5～7	手指肌肉感觉痉挛	手指感到灼热和刺痛
8～10	手指关节与手掌感觉痛，手已难以脱离电源，但尚能摆脱电源	灼热感增加
20～25	手指感觉剧痛，迅速麻痹，不能摆脱电源，呼吸困难	灼热更增，手的肌肉开始痉挛
50～80	呼吸麻痹，心房开始震颤	强烈灼痛，手的肌肉痉挛，呼吸困难
90～100	呼吸麻痹，持续 3min 或更长时间后，心脏麻痹或心房停止跳动	呼吸麻痹

3.3 电气火灾和爆炸

3.3.1 电气火灾的原因

电气火灾一般是指由于电气线路、用电设备、器具以及供配电设备出现故障释放的热能如高温、电弧、电火花以及非故障性释放的能量，如电热器具的炽热表面，在具备燃烧条件下引燃本体或其他可燃物而造成的火灾，也包括由雷电和静电引起的火灾。据统计，由于电气原因引发的火灾，占全部火灾的40%左右，且近年来一直呈上升趋势，故电气火灾不容忽视。2011～2016年，我国共发生电气火灾52.4万起，造成3261人死亡、2063人受伤，直接经济损失92亿余元，占全国火灾总量及伤亡损失的30%以上；其中重特大电气火灾17起，占重特大火灾总数的70%。

电气设备运行时总是要发热的，设计正确、施工正确以及运行正常的电气设备，其最高温度和周围环境的温度差（即最高温升）都有允许范围。例如：裸导线和塑料绝缘线的最高温度一般不超过70℃；橡胶绝缘线的最高温度一般不超过65℃；变压器的上层油温不得超过85℃；电力电器容器外壳温度不得超过65℃；电动机定子绕组的最高温度，对于所采用的A级、B级或E级绝缘材料分别为95℃、105℃和110℃，定子铁芯分别是100℃、115℃和120℃等。也即电气设备正常发热是允许的，但当电气设备的正常运行遭到破坏时，发热量增加，温度升高，在一定条件下即引起电气火灾。引起电气设备过热的不正常运行包括以下几种情况。

(1) 短路

发生短路时，线路中的电流增加为正常时的几倍甚至几十倍，而产生的热量又和电流的平方呈正比，使得温度急剧上升，大大地超过允许范围。如果温度达到可燃物的自燃点，即引起燃烧，从而导致火灾。

① 当电气设备的绝缘层老化变质，或受到高温、潮湿或腐蚀的作用而失去绝缘能力时，即可引起短路。

② 绝缘导线直接缠绕，钩挂在铁丝上时，由于磨损或者铁锈腐蚀，很容易使绝缘层破坏而形成短路。

③ 由于设备安装不当或工作疏忽，可能使电气设备的绝缘受到机械损伤而形成短路。

④ 由于雷击等过电压的作用，电气设备的绝缘可能遭到击穿而形成短路。

此外在安装和检修工作中，由于接线和操作的错误，也可能造成短路事故。

(2) 过载

过载会引起电气设备发热，造成过载的原因大体上有以下两种情况：一是设计时选用的线路或设备不合理，以致在额定负载下产生过热；二是使用不合理，即线路或设备的负载超过额定值，或者连续使用时间过长，超过线路或设备的设计能力，由此造成过热。

(3) 接触不良

接触部分是电路的薄弱环节，是发生过热的一个重点部位。

① 不可拆卸的接头连接不牢、焊接不良或接头处混有杂质，都会增加接触电阻而导致接头过热。

② 可拆卸的接头连接不紧密或者震动而松弛，从而导致接头发热。

③ 活动接头，如闸刀开关的接头、插销的触头、灯泡和灯座的接触处等活动触头，如果没有足够的接触电压或接触表面粗糙不平，会导致触头过热。

④ 对于铜铝接头，由于铜和铝电性不同，接头处易因为电解作用而腐蚀，从而导致接头过热。

(4) 铁芯发热

变压器、电动机等设备的铁芯，如铁芯绝缘损坏或承受长时间过电压，将增加涡流损耗和磁滞损耗而使设备发热。

(5) 散热不良

各种电气设备在设计和安装时都考虑有一定的散热或通风措施，如果这些措施受到破坏，就会造成设备过热。

此外，电灯和电炉等直接利用电流进行工作的电气设备，工作温度都比较高，如安置或使用不当，均有可能引起火灾。

3.3.2 电气爆炸的原因

电火花是电极间的击穿放电，电弧是由大量的电火花汇集而成的。一般电火花的温度都很高，特别是电弧，温度可达到6000℃。因此电火花和电弧不仅能引起可燃物燃烧，还能引起金属熔化、飞溅，构成危险的火源。在有爆炸危险的场所，电火花和电弧更是引起火灾和爆炸的一个十分危险的因素。

在生产和生活中，电火花是经常见到的。电火花大体包括工作火花和事故火花两类。

① 工作火花 工作火花是指电气设备正常工作或正常操作过程中产生的火花。如直流电机电刷与整流子滑动接触处，交流电机电刷与滑环滑动接触处电刷后方的微小火花、开关或接触器开合时的火花、插销拔出或插入时的火花等。

② 事故火花 事故火花是指线路或设备发生故障时出现的火花。如发生短路或接地时出现的火花、绝缘损坏时出现的闪光、导线连接松脱时的火花、保险丝熔断时的火花、过电压放电火花、静电火花、感应电火花以及修理工作中错误操作引起的火花等。

此外，电动机转子和定子发生摩擦（扫膛）或风扇与其他部件相碰也都能产生火花，这都是由碰撞引起的机械性质的火花。当灯泡破碎时，炽热的灯丝有类似火花的危险作用。

电气设备本身，除多油断路器可能爆炸外，电力变压器、电力电容器、充油套管等充油设备也可能爆裂，一般不会出现爆炸事故。以下情况可能引起空间爆炸：

① 周围空间有爆炸性混合物，在危险温度或电火花作用下引起爆炸。

② 充油设备的绝缘油在电弧作用下分解和气化，喷出大量油雾和可燃气体，引起爆炸。

③ 发电机氢冷装置漏气、酸性蓄电池排出氢气等，形成爆炸性混合物，引起空间爆炸。

3.3.3 电气火灾的扑灭

电气火灾有两个特点：一是着火后电气设备可能带电，如不注意可能引起触电事故；二是有些电气设备（如电力变压器、多油路断路器）本身充有大量的油，可能发生喷油甚至爆炸，造成火势蔓延，扩大火灾范围。所以，扑救电气火灾必须根据现场火灾情况，采取适当的方法，以保证灭火人员的安全。扑灭电气火灾应注意以下几点。

(1) 断电灭火

电气设备发生火灾或引燃周围可燃物时，首先应设法切断电源，必须注意以下事项：

① 处于火灾区的电气设备因受潮或烟熏，绝缘能力降低，所以拉开关断电时，要使用绝缘工具。

② 应在电源侧的电线支持点附近剪断电线，防止电线剪断后跌落在地上，造成电击或短路。

③ 如果火势已威胁邻近电气设备时，应迅速拉开相应的开关。

④ 夜间发生电气火灾，切断电源时，要考虑临时照明问题，以利扑救。如需要供电部门切断电源时，应及时联系。

(2) 带电灭火

如果无法及时切断电源，而需要带电灭火时，要注意以下几点：

① 应选用不导电的灭火器材灭火，如干粉、二氧化碳、1211 灭火器，不得使用泡沫灭火器灭火。

② 要保持人及所使用的导电消防器材与带电体之间足够的安全距离，扑救人员应戴绝缘手套。

③ 对架空线路等空中设备进行灭火时，人与带电体之间的仰角不应超过 45°，而且应站在线路外侧，防止电线断落后触及人体。如带电体已断落地面，应划出一定警戒区，以防跨步电压伤人。

(3) 充油电气设备灭火

充油设备着火时，应立即切断电源，如外部局部着火时，可用二氧化碳、1211、干粉等灭火器材灭火。

3.4 触电急救和紧急处理

当工作人员不幸发生触电事故时，掌握触电急救知识，对触电人进行紧急处理，避免自身被动触电，尽可能挽救受伤者的生命和财产。

3.4.1 迅速使触电者脱离电源

一般情况下，应使触电者尽快脱离电源。针对高压触电和低压触电情况，应有不同的处理方法。

(1) 低压触电

低压触电可采用下列方法，使触电者脱离电源。

① 如果触电地点附近有电源开关或电源插座（头），可立即拉开开关或拔出插头，断开电源。但应注意到拉线开关或墙壁开关等只控制一根线的开关，有可能因安装问题只能切断零线而没有断开电源的火线。

② 如果触电地点附近没有电源开关或电源插座（头），可用有绝缘柄的电工钳或有干燥木柄的斧头切断电线，断开电源。

③ 当电线搭落在触电者身上或压在身下时，可用干燥的衣服、手套、绳索、皮带、

木板、木棒等绝缘物作为工具，拉开触电者或挑开电线，使触电者脱离电源。

④ 如果触电者的衣服是干燥的，又没有紧缠在身上，可以用一只手抓住他的衣服，拉离电源。但因触电者的身体是带电的，其鞋的绝缘也可能遭到破坏，救护人不得接触触电者的皮肤，也不能抓他的鞋。

⑤ 若触电发生在低压带电的架空线路上或配电台架、进户线上，对可立即切断电源的，则应迅速断开电源，救护者迅速登杆或登至可靠的地方，并做好自身防触电、防坠落安全措施，用带有绝缘胶柄的钢丝钳、绝缘物体或干燥不导电物体等工具将触电者脱离电源。

(2) 高压触电

高压触电可采用下列方法使触电者脱离电源：

① 立即通知有关供电企业或用户停电。

② 戴上绝缘手套，穿上绝缘靴，用相应电压等级的绝缘工具按顺序拉开电源开关或熔断器。

③ 抛掷金属线使线路短路接地，启动自动保护装置，断开电源。注意抛掷金属线之前，应先将金属线的一端可靠固定并接地，然后另一端系上重物抛掷，注意抛掷的一端不可触及触电者和其他人。另外，抛出金属线后，要迅速离开接地的金属线 8m 以外或双腿并拢站立，防止跨步电压伤人。在抛掷短路线时，应注意防止电弧伤人或断线危及人员安全。

3.4.2 急救原则

触电急救的要点是动作迅速，救护得法。发现有人触电首先要尽快使触电者脱离电源，然后根据触电者的具体情况，进行相应的救治。人触电以后，会出现昏迷不省人事，甚至停止呼吸、心跳，但不应当认为是死亡，而应当看作是假死，此时须正确迅速而持久地进行抢救。据统计，触电 1min 后开始救治者 90%有良好效果，6min 后开始救治者，10%有良好效果，而在 12min 后开始救治者，救活的可能性就很小了，由此可知，动作迅速是非常关键的。触电急救的八字原则是“迅速、就地、准确、坚持”。

触电急救应分秒必争，一旦明确心跳、呼吸停止的，立即就地迅速用心肺复苏法进行抢救，并坚持不断地进行，同时及早与医疗急救中心联系，争取医务人员接替救治。在医务人员未接替救治前，不应放弃现场抢救，更不能只根据没有呼吸或脉搏的表现，擅自判定伤员死亡，放弃抢救。只有医生有权做出伤员死亡的诊断。与医务人员接替时，应提醒医务人员在触电者转移到医院的过程中不得间断抢救。

对不同情况的救治者采用的救治方法不同：

① 触电者神志尚清醒，但感觉头晕、心悸、出冷汗、恶心、呕吐等，应让其静卧休息，减轻心脏负担。

② 触电者神志有时清醒，有时昏迷，应静卧休息，并请医生救治。

③ 触电者无知觉，有呼吸、心跳，在请医生的同时，应施行人工呼吸。

④ 触电者呼吸停止，但心跳尚存，应施行人工呼吸；如心跳停止，呼吸尚存，应采取胸外心脏挤压法；如呼吸、心跳均停止，则须同时采用人工呼吸法和胸外心脏挤压法进行抢救。

参考文献

[1] 潘爱民．浅析安全用电知识 [J]．科技资讯，2012，(1)：204-205.
[2] 刘仁存，郭军丽．浅析电气火灾的原因及其预防 [J]．消防科学与技术，2003，22 (2)：175-176.
[3] 曾彦铭．触电急救的原则和方法 [J]．农村新技术，2017 (8)：61-62.
[4] 许进华，钟嘉斌．电气事故案例分析与防范 [M]．北京：中国电力出版社，2013.

第4章

旋转机械及压力容器使用安全

随着科学的发展，旋转机械和压力容器逐渐走进了实验室，同时也带来了诸多的问题。众所周知，人的生命是脆弱的，当我们柔弱的身体，面对旋转的机械和危险的压力容器时，我们该如何保全自己和他人不受危害呢？这就要求我们要认真学习旋转机械以及压力容器的安全知识，并学会正确地操作这些仪器。

4.1　实验室旋转机械的安全使用

旋转机械主要是指依靠旋转动作来完成的机械，尤其是指转速较高的机械。随着现代工业的发展，旋转机械已成为工业生产中应用最广泛的机械设备，主要包括：蒸汽透平、燃气轮机透平、水力透平、通风机、鼓风机、离心压缩机、发电机组、电动机、航空发动机以及各种减速增速用的齿轮传动装置等。由于旋转机械有着方便、快捷、高效等优点，所以，它也逐渐被多数实验室所接纳，逐渐进入了科学研究的行列。

实验室常见的旋转机械有离心机（低速离心机、中速离心机、高速离心机）、摇床、搅拌机、炼胶机、制粒机、粉碎机、组织研磨仪、锅炉、风机、真空泵以及其他各种泵等带有电机或链条的机械。这些旋转机械都是由旋转电机依靠电磁感应原理而运行的旋转电磁机械，用于实现机械能和电能的相互转换。发电机从机械系统吸收机械功率，向电系统输出电功率；电动机从电系统吸收电功率，向机械系统输出机械功率。

4.1.1　旋转机械的分类

旋转机械按照其在生产中所起的作用，可分为以下几类。

① 液体介质输送机械　如各种泵类。

② 气体输送和压缩机械　如真空泵、风机、压缩机。

③ 固体输送机械　如提升机、皮带运输机、螺旋输送机、刮板输送机等。

④ 粉碎及筛分机械　如破碎机、球磨机、振动筛等。

⑤ 冷冻机械　如冷冻机和结晶器等。

⑥ 搅拌与分离机械　如搅拌机、过滤机、离心机、脱水机、压滤机等。

⑦ 成型和包装机械　如制粒机、扒料机，石蜡、沥青、硫黄的成型机械和产品的包

装机械等。

⑧ 起重机　如各种桥式起重机、龙门吊等。

⑨ 金属加工机械　如切削、研磨、刨铣、钻孔机床以及金属材料试验机械等。

⑩ 动力机械　如汽轮机、发电机、电动机等。

⑪ 污水处理机械　如刮油机、刮泥机、污泥（油）输送机等。

⑫ 其他专用机械　如抽油机、水力除焦机、干燥机等。

旋转机械按照其功能大致可分为以下几类。

① 动力机械　动力机械主要包括两类：原动机和流体输送机械。原动机如蒸汽涡轮机、燃气涡轮机等，利用高压蒸汽或气体的压力能膨胀做功推动转子旋转。流体输送机械，这类机械的转子被原动机拖动，通过转子的叶片将能量传递给被输送的流体，它进一步又可以细分为以下两类：涡轮机械，如离心式及轴流式压缩机、风机及泵等；容积式机械，如螺杆式压缩机、螺杆泵、罗茨风机、齿轮泵等。

② 过程机械　如离心分离机等。

③ 加工机械　如制粒机、炼胶机等。

4.1.2 旋转机械的危险性及机械事故对人体的伤害

4.1.2.1 旋转机械的危险性

旋转机械的危险性主要来源于两类：机械性危害和非机械性危害。机械性危害主要指机械危害，其主要形式有机械挤压、碾压、剪切、切割、缠绕或卷入、戳扎或磨损、飞出物打击、高压液体喷射、碰撞或跌落等；而非机械性危害主要指电气危害、噪声危害、振动危害、辐射危害、温度危害、材料或物质产生的危害、未履行安全人机学原则而产生的危害等。其中，机械性危害主要是由于操作者的失误或旋转机械发生故障而产生的，非机械性危害主要是由操作者未按照安全规定而操作不当引起的。

(1) 静止状态的危险

设备处于静止状态时存在的危险即当人接触或与静止设备做相对运动时可引起的危险。包括：

① 切削刀具有刀刃。

② 机械设备凸出的较长的部分，如设备表面上的螺栓、吊钩、手柄等。

③ 毛坯、工具、设备边缘锋利和粗糙表面，如未打磨的毛刺、锐角、翘起的铭牌等。

④ 引起滑跌的工作平台，尤其是平台有水或油时更为危险。

(2) 直线运动状态的危险

指做直线运动的机械所引起的危险，又可分接近式的危险和经过式的危险。接近式的危险是指机械进行往复的直线运动，当人处在机械直线运动的正前方而未及时躲让时将受到运动机械的撞击或挤压。

① 纵向运动的构件，如龙门刨床的工作台、牛头刨床的滑枕、外国磨床的往复工作台等。

② 横向运动的构件，如升降式铣床的工作台。

经过式的危险是指人体经过运动的部件引起的危险。包括：

① 单纯做直线运动的部位，如运转中的带键、冲模。

② 做直线运动的凸起部分，如运动时的金属接头。

③ 运动部位和静止部位的组合，如工作台与底座组合，压力机的滑块与模具。

④ 做直线运动的刃物，如牛头刨床的刨刀、带锯床的带锯。

(3) 机械旋转运动的危险

机械旋转运动危险指人体或衣服被卷进旋转机械部位引起的危险。

① 卷进单独旋转运动机械部件中的危险，如主轴、卡盘、进给丝杠等单独旋转的机械部件以及磨削砂轮、各种切削刀具，如铣刀、锯片等加工刃具。

② 卷进旋转运动中两个机械部件间的危险，如朝相反方向旋转的两个轧辊之间，相互啮合的齿轮。

③ 卷进旋转机械部件与固定构件间的危险，如砂轮与砂轮支架之间，有辐条的手轮与机身之间。

④ 卷进旋转机械部件与直线运动部件间的危险，如皮带与皮带轮、链条与链轮、齿条与齿轮、滑轮与绳索、卷扬机绞筒与绞盘等。

⑤ 旋转运动加工件打击或绞轧的危险，如伸出机床的细长加工件。

⑥ 旋转运动件上凸出物的打击，如皮带上的金属皮带扣、转轴上的键、定位螺丝、联轴器螺丝等。

⑦ 孔洞部分有些旋转零部件，由于有孔洞部分而具有更大的危险性。如风扇、叶片，带辐条的滑轮、齿轮和飞轮等。

⑧ 旋转运动和直线运动引起的复合运动，如凸轮传动机构、连杆和曲轴。

(4) 机械飞出物击伤的危险

① 飞出的刀具或机械部件，如未夹紧的刀片、紧固不牢的接头、破碎的砂轮片等。

② 飞出的切屑或工件，如连续排出或破碎而飞散的切屑、锻造加工中飞出的工件。

4.1.2.2 机械事故对人身造成的伤害

机械事故对人身造成的伤害主要有以下几种。

① 机械设备的零部件做直线运动时造成的伤害。例如锻锤、冲床、切板机的施压部件、牛头刨床的床头、龙门铣床的床面及桥式吊车大、小车和升降机构等，都是做直线运动的。做直线运动的零部件造成的伤害事故主要有压伤、砸伤、挤伤。

② 机械设备零部件做旋转运动时造成的伤害。例如机械、设备中的齿轮、支带轮、滑轮、卡盘、轴、光杠、丝杠、联轴节等零部件都是做旋转运动的。旋转运动造成人员伤害的主要形式是绞绕和物体打击伤。

③ 刀具造成的伤害。例如车床上的车刀、铣床上的铣刀、钻床上的钻头、磨床上的磨轮、锯床上的锯条等等都是加工零件用的刀具。刀具在加工零件时造成的伤害主要有烫伤、刺伤、割伤。

④ 被加工的零件造成的伤害。机械设备在对零件进行加工的过程中，有可能对人身造成伤害。这类伤害事故主要有：

a. 被加工零件固定不牢被甩出打伤人，例如车床卡盘夹不牢，在旋转时就会将工件甩出伤人。

b. 被加工的零件在吊运和装卸过程中，可能造成砸伤。

⑤ 手用工具造成的伤害。

⑥ 电气系统造成的伤害。工厂里使用的机械设备，其动力绝大多数是电能，因此每台机械设备都有自己的电气系统。主要包括电动机、配电箱、开关、按钮、局部照明灯以

及接零（地）和馈电导线等。电气系统对人的伤害主要是电击。

⑦ 其他伤害。机械设备除去能造成上述各种伤害外，还可能造成其他一些伤害。例如有的机械设备在使用时伴随着发出强光、高温，还有的放出化学能、辐射能，以及尘毒危害物质等等，这些对人体都可能造成伤害。

4.1.3 常见的机械故障

(1) 强度不足造成的断裂事故

① 腐蚀：使机械材料变质或使零件尺寸变小。

② 冲蚀或磨损：由于工作介质对零件表面的冲刷、撞击而造成的零件尺寸减小称为冲蚀，两接触零件工作表面间有相对滑动造成磨损使零件表面层的脱落称为磨损。

③ 设计应力过大或结构形状不恰当，有很大的应力集中。

④ 零件的材料由于铸、锻、焊工艺不合适造成局部缺陷（缩孔、裂纹、晶粒粗大）。

(2) 振动

很多故障的表现形式为机组的振动，产生振动的原因如下所述。

① 不平衡：由于静、动平衡不好，或在工作中产生新的不平衡，设计制造过程中产生的，或是运转过程中产生。

② 对中不良：不平衡和不对中是造成机组强烈振动最常见的原因，不对中是由于安装不良造成的，有的是冷态不对中，有的未考虑热态膨胀因素，在运行状态下对中不好，或者是由于机器本身的内应力未彻底消除而引起变形，导致不对中；或者是由于管道等附件安装质量不高，对机组产生过大的作用力使机组产生变形或变位，造成不对中；基础的不均匀下沉产生不对中。

③ 机组产生自激振动：由于材料内摩擦、流体力等引起。

④ 工作介质引起的振动气流旋转失速、喘振、空吸等。

4.1.4 旋转机械的安全使用

安全是生命的基石，是实验的前提。对于旋转机械的使用，作为实验操作者的我们一定要认真学习安全守则并将其牢记心中，从而贯彻到我们日常的行为中去。对于旋转机械的使用，我们从操作者的着装入手到日常的行为规范，从而保证安全操作的进行。旋转机械设备的操作人员，应穿“三紧”（袖口紧、下摆紧、裤脚紧）工作服或其他轻便的衣服；不准戴手套、围巾；女生的发辫要盘在工作帽内，不准露出帽外。以上规定保证了我们的衣物或者头发不会缠绕在机械中，避免引发伤害事件。

对于操作者的日常行为也有严格规定，具体如下。

① 在转动机械试运行启动时，除正在进行操作的人员以外，其他人应远离并站在转动机械的轴向位置以防转动部分飞出伤人。

② 在密闭容器内，如磨煤机、空气预热器等不准同时进行电焊及气焊工作。

③ 离心式风机检修过程中，如需打开调节风门挡板，应事先做好防止机械转动的措施。

④ 两台并联运行中的风机一台需要检修，如介质不能完全隔离时禁止人员进入风机机壳、风箱内工作，如确需进入工作应采取特殊的安全措施并经分管生产的领导或总工程师批准后方可进入工作。

⑤ 在拆装轴承时禁止用手锤直接击打轴承，防止轴承金属碎片飞出伤人。

⑥ 转动机械设备如需更换垫片时，若无可靠的支撑措施，手指不得伸进底脚板内。

⑦ 转动机械转子校动平衡时必须在一个负责人的指挥下进行校验工作。工作场所周围应用安全围栏围好，无关人员不得入内。试加重量时应装置牢固，以防止转子脱落伤人。

⑧ 泵体在检修中如需拆卸，禁止使用吊车拖拉管道，以防止管道变形而造成人身伤害和设备损坏。泵体拆卸后应将进出口管道密封。

⑨ 转动机械检修需拆装轴套、对轮和叶轮时，如使用气焊加热，应做好防止烫伤的措施。

⑩ 旋转机械应定期检修，发现异常应及时上报，切勿自行拆卸。

4.2 实验室压力容器的安全使用

由于实验的需要，实验室压力容器可提供一个能够承装介质并且承受其压力的密闭空间。实验室一般将压力容器按使用位置分为固定式压力容器和移动式压力容器。固定式压力容器的主要作用可分为四种：一是用于完成介质的物理、化学反应；二是用于完成介质的热量交换；三是用于完成介质的流体压力平衡缓冲和气体的净化分离；四是用于储存、盛装气体、液体、液化气体等介质。移动式压力容器主要指各种可移动的盛装气体、液体、液化气体等介质的压力容器。氧舱是一种医疗用载人压力容器，为患者提供一个富氧环境。氧舱的主要危险是易发生火灾。

压力容器常见事故有爆炸、泄漏、爆燃、火灾、中毒以及设备损坏等类型，事故造成人员伤亡的因素主要有爆炸、爆燃、中毒、火灾、灼烫等。此外，有些压力容器检修时需要进入压力容器内部，还易出现缺氧窒息和中毒。

4.2.1 压力容器的定义与分类

4.2.1.1 压力容器的定义

压力容器通常是指盛装气体或者液体，承载一定压力的密闭设备，材质包括金属及非金属。具备下列三个条件的容器才能称之为压力容器：

① 工作压力 $p_W \geqslant 0.1$MPa（不含液体静压力）；

② 内直径（非圆形截面积指最大尺寸）$\geqslant 0.15$m 且容积 $V \geqslant 0.025\text{m}^3$；

③ 盛装介质为气体、液化气体或最高工作温度高于等于标准沸点的液体。

4.2.1.2 压力容器的分类

压力容器的分类方法很多，从使用、制造和监督检查的角度分类，有以下几种。

(1) 按承受压力的等级分

① 低压容器（代号 L）：$0.1\text{MPa} \leqslant p < 1.6\text{MPa}$。

② 中压容器（代号 M）：$1.6\text{MPa} \leqslant p < 10\text{MPa}$。

③ 高压容器（代号 H）：$10\text{MPa} \leqslant p < 100\text{MPa}$。

④ 超高压容器（代号 U）：$p \geqslant 100\text{MPa}$。

(2) 按盛装介质分

可分为：非易燃、无毒；易燃或有毒；剧毒三种。

(3) 按工艺过程中的作用不同分

① 反应压力容器（代号 R），主要用于介质的物理、化学反应的压力容器，如反应塔等。

② 换热压力容器（代号 E），主要用于完成介质热量交换的压力容器，如热交换器、冷凝器。

③ 分离压力容器（代号 S），主要用于完成介质的流体压力平衡缓冲和气体净化分离，如分离器、缓冲器、分汽缸等。

④ 储存压力容器（代号 C，其中球罐代号 B），主要用于储存、盛装气体、液体，液化气体等介质的压力容器，如各种形式的储罐。

(4) 按使用位置分

可分为固定式压力容器和移动式压力容器。

① 固定式压力容器有固定的安装和使用地点，用管道与其他设备相连。

② 移动式压力容器则无固定安装和使用地点，如铁路罐车、汽车罐车。移动式压力容器的一个重要分支就是气瓶。气瓶是使用最为普遍的一种移动式压力容器，它的特点是数量大、使用范围广、充装的气体种类多、重复使用率高。

气瓶分为无缝气瓶（如氧气瓶）、焊接气瓶（如液氨、溶解乙炔气瓶、液化石油气瓶）、特种气瓶（如车用气瓶）等。

(5) 按压力等级、容积介质的危害程度及生产过程中的作用和用途分

为了便于安全监察和管理，按容器的压力等级、容积、介质的危害程度及生产过程中的作用和用途，把压力容器分为以下三类。

① 第三类压力容器　以下情况之一的称为第三类压力容器。

a. 高压容器；

b. 中压容器（仅限毒性程度极高和高危害介质）；

c. 中压储存容器（仅限易燃或毒性程度为中度危害介质，且 $pV \geqslant 10\text{MPa} \cdot \text{m}^3$）；

d. 中压反应容器（仅限易燃或毒性程度为中度危害介质，且 $pV \geqslant 0.5\text{MPa} \cdot \text{m}^3$）；

e. 低压容器（仅限毒性程度和高度危害介质，且 $pV \geqslant 0.2\text{MPa} \cdot \text{m}^3$）；

f. 高压、中压管壳式余热锅炉；

g. 中压搪玻璃容器；

h. 使用强度级别较高的材料制造的压力容器（指相应标准中抗拉强度规定值下限≥540MPa）；

i. 移动式压力容器；

j. 球形储罐（容积≥50m^3）和低温绝热容器（容积≥5m^3）。

② 第二类压力容器　以下情况之一的（第 1 条规定的除外）称为第二类压力容器。

a. 中压容器；

b. 低压容器（仅限毒性程度为极度和高度危害介质）；

c. 低压反应容器和低压储存容器（仅限易燃介质或毒性程度为中度危害介质）；

d. 低压管壳式余热锅炉；

e. 低压搪玻璃压力容器。

③ 低压容器为第一类压力容器（第 1、2 条规定的除外）。

4.2.2 压力容器的危险性

压力容器在运行中由于超压、过热而超出受压元件可以承受的压力，或腐蚀、磨损造成受压元件承受能力下降到不能承受正常压力的程度时，会发生爆炸、撕裂等事故。

压力容器发生爆炸事故后，不但事故设备被毁，而且还波及周围的设备、建筑和人群。爆炸直接产生的碎片能飞出数百米远，并能产生巨大的冲击波，其破坏力与杀伤力极大。

压力容器发生爆炸、撕裂等重大事故后，有毒物质的大量外溢会造成人畜中毒的恶性事故；而可燃性物质的大量泄漏，还会引起重大的火灾和二次爆炸事故，后果也十分严重。

压力容器可能会发生如下危险。

4.2.2.1 压力容器爆炸

压力容器爆炸分为物理爆炸和化学爆炸。物理爆炸是容器内高压气体迅速膨胀并高速释放内在能量。化学爆炸是容器内的介质发生化学反应，释放能量形成高压、高温，其爆炸危害程度往往比物理爆炸严重。

压力容器爆炸的危害巨大，主要体现在以下几个方面：

① 冲击波及其破坏作用。压力容器因严重超压而爆炸时会造成人员伤亡和建筑物的破坏，其爆炸能量远大于按工作压力估算的爆炸能量，破坏和伤害情况也严重得多。

② 爆破碎片的破坏作用。压力容器破裂爆炸时，高速喷出的气流可将壳体反向推出，有些壳体破裂成块或片向四周飞散。这些具有较高速度或较大质量的碎片，在飞出过程中具有较大的动能，会造成较大的危害。碎片还可能损坏附近的设备和管道，引起连续爆炸或火灾，造成更大危害。

③ 介质伤害。主要是有毒介质的毒害和高温蒸汽的烫伤。压力容器所盛装的液化气体中有很多是毒性介质，如液氨、液氯、二氧化硫、二氧化氮、氢氟酸等。盛装这些介质的容器破裂时，大量液体瞬间气化并向周围大气扩散，造成大面积的毒害，不但造成人员中毒，致死致病，而且严重破坏生态环境，危及中毒区的动植物。其他高温介质泄放气化会灼烫伤害现场人员。

④ 二次爆炸及燃烧危害。当容器所盛装的介质为可燃液化气体时，容器破裂爆炸在现场形成大量可燃蒸气，并迅即与空气混合形成可爆性混合气，在扩散中遇明火即形成二次爆炸。可燃液化气体容器的这种燃烧爆炸，常使现场附近变成一片火海，造成严重后果。

⑤ 压力容器快开门事故危害。快开门式压力容器开关盖频繁，在容器泄压未尽前或带压下打开端盖，以及端盖未完全闭合就升压，极易造成快开门式压力容器爆炸事故。

4.2.2.2 压力容器泄露

压力容器泄露指压力容器的元件开裂、穿孔、密封失效等造成容器内的介质泄漏的现象。压力容器的泄漏事故也会造成较大程度的伤害，除造成有毒介质伤害、爆炸及燃烧危害外，还可能发生高温烫伤事故，如高温蒸汽因热量巨大而烫伤现场人员及其他危害仪器设备。

4.2.3 压力容器事故发生原因及应急措施

4.2.3.1 压力容器发生事故发生原因

① 结构不合理、材质不符合要求、焊接质量不好、受压元件强度不够以及其他设计制造方面的原因。

② 安装不符合技术要求，安全附件规格不对、质量不好，以及其他安装、改造或修理方面的原因。

③ 在运行中超压、超负荷、超温，违反劳动纪律、违章作业、超过检验期限没有进行定期检验、操作人员不懂技术，以及其他运行管理不善方面的原因。

4.2.3.2 压力容器事故应急措施

① 压力容器发生超压超温时要马上切断进汽阀门；对于反应容器，立即停止进料；对于无毒非易燃介质，要打开放空管排汽；对于有毒易燃易爆介质要打开放空管，将介质通过接管排至安全地点。

② 如果属超温引起的超压，除采取上述措施外，还要通过水喷淋冷却以降温。

③ 压力容器发生泄漏时，要马上切断进料阀门及泄漏处前端阀门。

④ 压力容器本体泄漏或第一道阀门泄漏时，要根据容器、介质不同使用专用堵漏技术和堵漏工具进行堵漏。

⑤ 易燃易爆介质泄漏时，要对周边明火进行控制，切断电源，严禁一切用电设备运行，并防止静电产生。

4.2.4 压力容器事故的预防及安全操作

4.2.4.1 压力容器事故预防措施

① 在设计上，应采用合理的结构，如采用全焊透结构，能自由膨胀等，避免应力集中、几何突变。针对设备使用工况，选用塑性、韧性较好的材料。强度计算及安全阀排量计算符合标准。

② 制造、修理、安装、改造时，加强焊接管理，提高焊接质量并按规范要求进行热处理和探伤；加强材料管理，避免采用有缺陷的材料或用错钢材、焊接材料。

③ 在压力容器的使用过程中，加强管理，避免操作失误、超温、超压、超负荷运行、失检、失修、安全装置失灵等。

④ 加强检验工作，及时发现缺陷并采取有效措施。

⑤ 在压力容器的使用过程中，发生下列异常现象时，应立即采取紧急措施，停止容器的运行。

a. 超温、超压、超负荷时，采取措施后仍不能得到有效控制；

b. 容器主要受压元件发生裂纹、鼓包、变形等现象；

c. 安全附件失效；

d. 接管、紧固件损坏，难以保证安全运行；

e. 发生火灾、撞击等直接威胁压力容器安全运行的情况；

f. 充装过量；

g. 压力容器液位超过规定，采取措施仍不能得到有效控制；

h. 压力容器与管道发生严重振动，危及安全运行。

4.2.4.2 压力容器的安全操作

压力容器的安全与容器操作关系极大。在容器运行过程中，从使用条件、环境条件和维修条件等方面采取措施，以保证容器的安全运行。以下是安全操作步骤：

① 压力容器操作人员必须持证上岗。

② 压力容器管理人员要熟悉容器的结构、类别、主要技术参数和技术性能，严格按操作规程操作，掌握处理一般事故的方法，认真填写压力容器使用记录。

③ 压力容器要平稳操作。容器开始加压时，速度不宜过快，要防止压力的突然上升。加热或冷却都应缓慢进行，尽量避免操作中压力频繁和大幅度波动，避免运行中容器温度的突然变化。

④ 压力容器严禁超温、超压运行。

⑤ 禁带压拆卸压紧螺栓。

⑥ 在压力容器运行期间要进行巡回检查，及时发现操作中或设备上出现的不正常状态，并采取相应的措施进行调整或消除。检查内容应包括工艺条件、设备状况及安全装置等方面。

⑦ 紧急情况要果断停机泄压，处理紧急状况。

4.2.5 气瓶的安全使用及搬运

4.2.5.1 气瓶的安全使用规则

气瓶属于移动式的压力容器。除具有固定式压力容器的特点外，还有一些特殊的要求。如：气瓶在移动、搬运的过程中，易发生碰撞而增加瓶体爆炸的危险；气瓶经常处于罐装和使用交替的过程中，处于承受交变载荷状态；气瓶在使用时一般与使用者之间无隔离或其他防护措施。所以，要保证气瓶的安全使用，除了要求符合压力容器的一般要求外，还有一些专门的规定。

① 一切易燃、易爆气瓶的放置地点严禁靠近热源，必须距明火 10m 以外，存放气瓶的仓库必须符合环保、防火、防油、防爆的安全要求。

② 严禁和易燃物、易爆物混放在一起。

③ 严禁与所装气体混合后能引起燃烧、爆炸的气瓶一起存放。

④ 应存放在通风良好的场所，严禁将气瓶存在日光暴晒的地方。

⑤ 接收气瓶时，应对所接收的气瓶进行逐只检查，不得接收具有以下特征的气瓶：

a. 气瓶没有粘贴气体充装后检验合格证的；

b. 气瓶的颜色标记与所需的气体不符，或者颜色标记模糊不清，或者表面漆色覆盖在另一种漆色之上的；

c. 瓶体上有不能保证气瓶安全使用的缺陷，如严重的机体损伤、变形、腐蚀等；

d. 瓶阀漏气、阀杆受损、侧接嘴螺纹旋向与所需要的气体性质不符或螺纹受损的；

e. 在氧气或氧化性气体气瓶上或瓶阀上有油脂的；

f. 气瓶不能直立、底座松动、倾斜的；

g. 气瓶上未装瓶帽和防震圈，或瓶帽和防震圈尺寸不符合要求或损坏的。

⑥ 入库的空瓶与实瓶应分别放置，并有明显标识，如有必要可对空瓶进行标识。

⑦ 盛装有毒气体的气瓶，不得与其他气瓶混放。

⑧ 搬运气瓶时严禁抛、滚、滑、翻。近距离移动气瓶，应一手扶瓶颈另一只手转动

瓶身，移动距离较远时，可用轻便小车运送。严禁敲击、碰撞气瓶，不准用气瓶做其他气瓶的支撑，不得用电磁起重机、叉车搬运。

⑨ 必须保持气瓶的漆色和字样符合规定，不得更改气瓶的钢印和颜色标记，确保瓶帽和防震圈的完好；气瓶必须保持干净无任何油污；气瓶无裂纹凹陷现象；使用时瓶内留0.05MPa的余气。

⑩ 氧气瓶和氧化性气体气瓶与减压器或汇流头连接处的密封垫，不得采用可燃性材料；乙炔发生器及管道接头禁止使用紫铜或含铜量超过的铜合金、低合金钢或不锈钢管制造。

⑪ 严禁对已充气的气瓶进行修理。

⑫ 严禁用超过40℃的热源对气瓶加热，瓶阀冻结时，严禁用火烘烤。

⑬ 开启或关闭瓶阀时，只能用手或专用扳手，不准使用锤子、管钳等工具，以防损坏阀件。开启或关闭瓶阀的速度应缓慢（开启乙炔气瓶瓶阀时不要超过一圈半，一般情况下开启3/4圈），防止产生摩擦热或静电火花，对盛装可燃气体的气瓶尤应注意。操作人员应站立在气瓶侧面，严防瓶嘴崩出伤人。

4.2.5.2 乙炔钢瓶的使用规则

乙炔钢瓶存储的乙炔属于高压乙炔，因为乙炔在高压下易发生分解，并且不稳定，会发生爆炸，液化的乙炔危险性更大。人们把气态乙炔像其他气体一样，压缩到钢瓶中进行了一系列运输和使用试验，但是由于高压的气态乙炔，给予很小能量（例如当乙炔压缩到15个大气压时只需要0.56×10^{-3}J的能量）就会发生分解爆炸，试验失败。随后人们又采取像液化气体那样把乙炔液化成液体储存在容器中使用，但液化乙炔更具有爆炸性，稍有不慎就发生爆炸事故。所以高压的气态乙炔和液化乙炔在工业上都不能得到实际应用。为了将这种危险性大的气体稳定地储存在钢瓶中，直到1896年在法国发明了一种特殊的钢瓶才得以解决。在瓶中填满由活性炭、木屑、浮石以及硅藻土等组成的多孔物质，并在多孔物质上浸润丙酮作为溶剂，当乙炔被压缩充入瓶中时，由于溶剂吸附在多孔物质的毛细孔中，而高压乙炔又被溶解在溶剂中，从而达到安全储存、运输和使用的目的。这种被称为溶解乙炔气瓶的特殊钢瓶的诞生，使溶解乙炔在工业上得到了更广泛的应用。丙酮是浸满在乙炔钢瓶里的，附着在多孔填料上，即一般加满，丙酮的作用主要是起到溶剂的作用，因为乙炔在丙酮中的溶解度较大。所以，实验室对于乙炔气储存、使用及运输有特别具体的安全规程。

① 乙炔瓶应装设专用的回火防止器、减压器，对于工作地点不固定，移动较多的，应装在专用安全架上。

② 严禁敲击、碰撞和施加强烈的震动，以免瓶内多孔性填料下沉而形成空洞，影响乙炔的储存。

③ 乙炔瓶应直立放置，严禁卧放使用。因为卧放会使瓶内的丙酮随乙炔流出，甚至会通过减压器而流入橡皮管，造成火灾爆炸。

④ 要用专用扳手开启乙炔气瓶。开启乙炔瓶时，操作者应站在阀口的侧后方，动作要轻缓。瓶内气体不得用尽，永久性气体瓶剩余压力应大于0.05MPa；液化气体气瓶应有大于0.5%～1%的规定充装量的剩余气体，冬天应留0.1～0.2MPa，夏天应留有0.10～3MPa的剩余压力。

⑤ 使用压力不得超过0.15MPa，输气速度不应超过1.5～2m^3/(时·瓶)。

⑥ 乙炔瓶体温度不应超过 40℃，夏天要防止暴晒。因瓶内温度过高会降低丙酮对乙炔的溶解度，而使瓶内乙炔的压力急剧增加。

⑦ 乙炔瓶不得靠近热源和电气设备。与明火的距离一般不小于 10m（高空作业时应按与垂直地面处的两点间距离计算）。

⑧ 瓶阀冬天冻结，严禁用火烤。必要时可用不含油性的 40℃以下的热水解冻。

⑨ 乙炔减压器与瓶阀之间连接必须可靠。严禁在漏气的情况下使用。否则会形成乙炔与空气的混合气体，一旦触及明火就会立刻爆炸。

⑩ 严禁放置在通风不良及有放射线的场所使用，且不得放在橡胶等绝缘物上，使用的乙炔瓶和氧气瓶应距离 10m 以上。

⑪ 乙炔瓶必须立放使用，且要注意固定，防止倾倒。

⑫ 乙炔胶管，外径 16mm，应能承受 5MPa 压力，各项性能应符合 GB/T 2550—2016《气体焊接设备　焊接、切割和类似作业用橡胶软管》的规定，颜色为黑色。

⑬ 气瓶的阀、表均应齐全有效，紧固牢靠，不得松动、破损和漏气。氧气瓶及其附件、胶管和开闭阀门的扳手上不得沾染油脂。

⑭ 变质老化、脆裂、漏气的胶管及沾上油脂的胶管均不得使用。

⑮ 如发现气瓶有缺陷，操作人员不得擅自进行修理，应通知气体厂处理。

⑯ 工作完毕后应关闭乙炔瓶，拆下乙炔表，拧上气瓶安全帽，并将胶管盘起、捆好挂在室内干燥的地方；减压阀和气压表应放在工具箱内；认真检查操作地点及周围，确定无起火危险后，方可离开。

4.2.5.3　氧气瓶的使用规则

与空气相比，燃爆性物质在氧气中的点火能量变小，燃烧速度变大，爆炸范围变宽，即更易着火燃烧和爆炸。在一定条件下，一些金属在氧气中也能燃烧。压缩纯氧的压力越高，其助燃性能越强。在潮湿或有水条件下，氧气对钢材也有强烈的腐蚀性。所以，实验室对于氧气储存、使用及运输有特别具体的安全规程。

① 搬运气瓶时，必须使用专用的小车并固定牢固，不得将氧气瓶放在地上滚动。

② 氧气瓶一般应直立放置，且必须安放稳固，防止倾倒。

③ 取瓶帽时，只能用手或扳手旋转，禁止用铁器敲击。

④ 在瓶阀上安装减压器以前，应拧开瓶阀，吹尽出气口内的杂质，并轻轻地关闭阀门。装上减压器后，要缓慢开启阀门，防止减压器燃烧和爆炸。

⑤ 在瓶阀上安装减压器时，与阀口连接的螺母要拧紧，防止开气时脱落，人体要避开阀门喷出的方向。

⑥ 严禁氧气瓶阀、氧气减压器、焊（割）炬、氧气胶管等沾上易燃物质和油脂等，以免引起火灾和爆炸。

⑦ 夏季在露天使用气瓶时，应有防晒措施，严禁阳光照射；冬季不要放在火炉和距离热源太近的地方，以防爆炸。

⑧ 冬季要防止氧气瓶阀冻结。如有冻结现象，只能用不超过 40℃的热水解冻，严禁用明火烘烤，也不准用金属物敲击，以免瓶阀断裂。

⑨ 氧气瓶的氧气不能全部用完，要留有 0.1MPa 以上的压力，以便充氧时鉴别气体的性质和防止空气或者可燃气体倒流入氧气瓶内。

⑩ 气瓶要远离高温、明火、熔融金属飞溅物和可燃易爆物质等，一般规定相距 10m

以上。

⑪ 氧气瓶阀着火时，应迅速关闭阀门，停止供气，使火焰自行熄灭。如果邻近建筑物或者可燃物失火，应尽快将氧气瓶移到安全地点，防止受到火场高热烘烤而引起爆炸。

4.2.5.4 气瓶的安全存储规则

对暂时用不到的气瓶或用剩下的气瓶一定要按照规定存储，切勿随意堆放。关于气瓶的安全存储规则具体如下：

① 气瓶的存储应有专人负责管理，相关人员要了解气瓶、气体的安全知识。

② 气瓶放置地点不得靠近热源和可燃、助燃气体气源；距离明火 10m 以外。

③ 瓶库有明显的“禁止烟火”的安全标志，并备有灭火器。

④ 空瓶、实瓶应分开存放，乙炔瓶与氧气瓶不能同储一室。

⑤ 储气的气瓶应戴好瓶帽，实瓶一般应立放存储。卧放时，应防止滚动，瓶阀应朝向一致。垛放不得超过 5 层，妥善固定。气瓶排放应整齐，固定牢靠。

⑥ 实瓶的存储数量在满足当天使用量和周转量的情况下，应尽量减少存储量。

4.2.6 真空设备的安全使用

4.2.6.1 真空设备的操作规范

真空设备是产生、改善和维持真空的装置，包括真空应用设备和真空获得设备，它是实验室常用的仪器之一，常见的有真空泵、真空锅炉等。对于真空设备除了简单的防水、防火、防潮以外，同样要求每个操作者认真阅读操作规则，谨慎操作。常见的真空泵、真空锅炉应遵守以下操作规范。

(1) 操作前的准备工作

首先应将设备放置在水平、通风、干燥处，将真空机组抽气口与被抽系统连接好，密封一定要严密，不应有泄漏点存在。检查真空泵和罗茨泵内的油位及油杯中的润滑油是否符合要求，连接好电源线和接地线。检查是否有其他不安全因素。

(2) 操作机组的启动运行

接通主电源开关，主电源指示灯亮；将控制方式放在手动或自动位置；按下控制电源按钮，指示灯亮（真空泵、增压泵和急停按钮应复位，否则控制电源按钮无法接通），如电源相序错误黄色指示灯亮，则需换相。将真空断路器接通，按下真空泵控制按钮，真空泵指示灯亮，同时真空泵运转。根据实际情况调节增压泵的延时（通过时间继电器，调节范围在 1～6min）。将增压泵断路器接通，按下增压泵控制按钮，增压泵指示灯亮，同时增压泵运转。油井内设有油位开关，当真空泵油或变压器油进入油井时，控制面板上的蜂鸣器将自动报警，同时系统关闭。

(3) 关机停运

关闭高真空蝶阀→关闭机械增压泵→关闭真空泵→按急停按钮，控制电源关闭→关主电源断路器。当控制方式通过控制盘上的旋钮转换到自动位置时，设备将通过真空继电器的预设控制点自动控制真空泵和机械增压泵的关闭和启动。

4.2.6.2 真空泵的安全使用要求

对于我们每一个操作者仅仅了解操作流程是远远不够的，为了我们自身、他人以及设备的安全，我们还要了解它的安全使用要求，这样才能更好地保护我们自身、他人以及设备的安全，具体要求如下所述。

① 依据GB/T 8196—2018，裸露的运动部件需配置保护装置进行预防保护。若保护装置能阻止EN 60529规定的试验机械手与运动部件接触，则可认为该保护装置的保护效果足够充分（见GB 23821—2022）。所有可接触的边、角都应划为避免受伤的区域。如果只有在完整地安装真空系统后才实现防护，那么应当在泵的安装过程中提供临时的防护措施（例如，如果在泵的入口能触及泵的机械零件，那么应当封盖泵的入口）。

② 真空泵设备在使用过程中，真空部件要有足够的强度承受挤压。在无法消除此类隐患的地方，需要设置防压装置来控制弹射物。排气过滤器应有足够大的容量以保证真空泵在最大抽气量的条件下安全运行。提供措施确保过滤器在饱和或阻塞情况下不会导致泵入口压力超过其最高允许工作压力。在泵的排气口处或真空系统内积累的碎片无法避免时，应配排气压力监控装置或压力调节阀。

③ 定期检查真空泵的方法。真空泵的主要技术性能（真空度等）达到设计要求或满足工艺要求，附属设备（冷凝器等）齐全；设备运转平稳，声响正常，无过热现象，封闭良好。旋片式真空泵设备润滑系统完好，润滑油质符合规定要求，并定期进行检查，换油。各种仪表（如真空表等）指示值正确，并定期进行校验；各阀门启闭灵活、密封良好，无泄漏现象；管道无泄漏，并定期进行检查。电动机配备合理，运行正常（温升和声响正常），电气线路安全可靠，有接地保护措施，电气装置（控制柜）可靠，电气仪表指示正确；安全防护装置齐全可靠。设备及冷却系统设施整洁，无锈蚀。不同的真空设备操作或许有小小的差别，具体的设备一定要按照其说明书来进行操作。

4.2.6.3 水环式真空泵的使用方法

保持水环式真空泵冷却系统运行正常，冷却装置完好，排水温度不超过规定要求，应有断水保护装置。水环式真空泵所用的工作介质是水，作用在转子叶轮上的能量被液体接收并传给被压缩的气体，这样就造成了水环的温度升高。水环的部分水与气体一起压缩排出泵外。在压缩过程中产生的大部分热量被带走，因而需要不断地补充新鲜的水，以使水环泵的工作温度能够维持恒定。在多数的水环式真空泵中，其工作温度为15～20℃，它取决于所补充水的温度。实际上，水环泵的极限压力并不十分重要，因为不同的液体，在压力低于5～6kPa时，会发生气蚀现象，泵的部件会遭到损坏。当泵接近极限压力时，抽速很低，泵入口处的水开始沸腾。当转至泵的出口时，形成的气泡开始破裂。这样就会产生很大的噪声，同时泵的驱动轮和泵腔等部件被逐渐破坏，这种现象通常称作气蚀现象。在入口管道上开个小孔，定量地加入些新鲜的空气，可减少气蚀现象的产生。

4.2.6.4 油封真空泵的使用方法

① 先拧开加油螺塞，从加油孔中加油至油标界线位置，因出厂运输关系，真空泵腔内无泵油灌入，后从进气管内加入少许泵油（出厂时间太长易引起泵腔内干燥，可加入少许泵油以润滑泵腔，避免开机后出现咬死发热现象）。

② 按规定接上三相电源线（三相电机要注意电机旋转方向应与泵支架上的箭头方向一致，单相电机，直接插上插座即可），试运转一下，再开始正常工作。

③ 与泵进气管口的连接管道不宜过长，千万注意检查真空泵外的连接管道，接头及容器要绝对不漏气，要密封，否则影响极限真空及真空泵寿命。

④ 将本机平放于工作台上，首次使用时，打开水箱上盖注入清洁的凉水（亦可经由放水软管加水），当水面即将升至水箱后面的溢水嘴下高度时停止加入，重复开机可不再加水。但最长时间每星期更换一次水，如水质污染严重，使用率高，可缩短更换水的时

间，最终目的是要保持水箱中的水质清洁。

⑤ 抽真空作业，将需要抽真空的设备的抽气套管紧密接于本机抽气嘴上，循环水开关应关闭，接通电源，打开电源开关，即可开始抽真空作业，通过与抽气嘴对应的真空表可观察真空度。

⑥ 当本机需长时间连续作业时，水箱内的水温将会升高，影响真空度，此时，可将放水软管与水源（自来水）接通，溢水嘴作排水出口，适当控制自来水流量，即可保持水箱内水温不升，使真空度稳定。

⑦ 当需要为反应装置提供冷却循环水时，将需要冷却的装置的进水管、出水管分别接到本机后部的循环水出水嘴、进水嘴上，转动循环水开关至“ON”位置，即可实现循环冷却水供应。

参考文献

[1] 邵国成，张春艳．实验室安全技术［M］．北京：化学工业出版社，2016.

[2] 何晋浙．高校实验室安全管理与技术［M］．北京：中国质检出版社，2009.

[3] 张武平，杨永信．等．移动式压力容器安全管理与操作技术［M］．北京：机械工业出版社，2015.

[4] 肖晖，刘贵东．压力容器安全技术［M］．2版．郑州：黄河水利出版社，2012.

[5] 江楠，冯毅．锅炉压力容器安全技术及应用［M］．北京：中国石化出版社，2013.

第5章

危险化学品的安全使用及储存技术

在科研和生产中，化学品无处不在。正确了解危险化学品的特性，懂得危险化学品的储存、运输、应急响应和废弃处理，对生产和科研具有重要意义。本章从危险化学品的法规、分类、标签信息的识别、危险化学品安全信息的获取办法以及各类危险化学品的使用、储存等特性来阐述。

5.1 危险化学品法规和标准

化学品特别是危险化学品的安全管理工作，关系到人民的生命财产安全，也是环境保护的大事。世界各国都高度重视化学品安全管理，美国和欧盟的危险化学品安全管理内容都以技术法规的形式分散于法律法规中。围绕危险化学品的经营和使用，我国亦先后颁布了有关的法律、法规和标准。

1994年10月27日，我国全国人大常委会第八届第十次会议审议批准了国际《170公约》。为了有效地贯彻实施《170公约》，劳动部和化工部联合于1996年颁布的《工作场所安全使用化学品规定》从1997年1月1日开始正式执行。《工作场所安全使用化学品规定》的宗旨是安全使用化学品，保障劳动者在工作场所中的安全与健康。

1997年国务院第216号令颁布了《农药管理条例》，2001年11月29日根据《国务院关于修改（农药管理条例）的决定》对此《条例》又进行了修订。

2001年国家经贸委〔2001年第30号〕公告发布《职业安全健康体系指导意见和职业安全健康管理体系审核规范》。

2002年1月26日国务院第344号令颁布了《危险化学品安全管理条例》，自2002年3月15日起施行。1987年2月17日国务院颁布的《化学危险物品安全管理条例》同时废止。

2002年6月28日国务院第355号令颁布了《中华人民共和国内河交通安全管理条例》。

2002年国务院第352号令颁布了《使用有毒物品作业场所劳动保护条例》。

2002年10月国家经贸委第35号令颁布了《危险化学品登记管理办法》、第36号令颁布了《危险化学品经营许可证管理办法》、第37号令颁布了《危险化学品包装物、容器定点生产管理办法》。

国家在对危险化学品的安全技术规范管理上从1986年陆续颁布了一系列的标准、规则：

1986年颁布了《危险货物分类和品名编号》(GB 6944—1986)；

1987年颁布了《建筑设计防火规范》(CBJ 16—1987)，对危险化学品的有关建筑设计提出规定；

1988年颁布了《汽车危险货物运输规则》(JT 3130—88)；

1990年颁布了《仓库防火安全管理规则》(公安部1990第六号令)；

1990年颁布了《危险货物品名表》(GB 12268—90)、《危险货物包装标志》(GB 190—1990)、《危险货物运输包装通用技术条件》(GB 12463—90)；

1992年颁布了《常用危险化学品的分类及标志》(GB 13690—92)；

1993年颁布了《剧毒物品品名表》(GA 58—93)；

1995年颁布了《常用化学危险品储存通则》(GB 15603—1995)；

1995年颁布了《爆炸危险场所安全规定》(劳动部劳发〔1995〕156号)；

1996年颁布了《水路危险货物运输规则》；

1999年颁布了《易燃易爆性商品储藏养护技术条件》(GB 17914—1999)、《腐蚀性商品储藏养护技术条件》(GB 17915—1999)、《毒害性商品储藏养护技术条件》(GB 17916—1999)和《化学品安全标签编写规定》(GB 15258—1999)；

2000年颁布了《化学品安全技术说明书编写规定》(GB 16483—2000)、《重大危险源辨识》(GB 18218—2000)，12月颁布了我国第一部对危险化学品经营单位的强制性的国家标准《危险化学品经营企业开业条件和技术要求》(GB 18265—2000)；

2002年颁布了《汽车加油加气站设计与施工规范（2006年版）》(GB 50156—2002)；

2002年颁布了《铁路危险货物托运人资质审查暂行规定》《铁路剧毒物品运输跟踪管理暂行规定》；

2003年颁布了《危险化学品经营单位安全评价导则（试行）》(国家安全生产监督管理局，2003年4月1日)；

2004年颁布了《危险化学品生产储存建设项目安全审查办法》(国家安全生产监督管理局第17号令，2005年1月1日起施行)；

2004年颁布了《危险化学品事故应急救援预案编制导则（单位版）》(国家安全生产监督管理局，2004年4月8日)；

2005年颁布了《危险化学品从业单位安全标准化规范（试行）》《危险化学品从业单位安全标准化考核机构管理办法（试行）》(国家安全生产监督管理总局，2005年12月16日)；

2005年颁布了《安全生产许可证条例》(国务院令第397号)；

2005年颁布了《易制毒化学品管理条例》(国务院令第445号，2005年11月1日起施行)；

2006年颁布了《非药品类易制毒化学品生产、经营许可办法》(国家安全生产监督管理总局第5号令，2006年4月15日起施行)。

我国对化学品安全管理可以分为两部分：化学品的安全管理法规和化学品的各种安全标准。

其中化学品的安全管理法规主要包括：《危险化学品安全管理条例》《化学危险物品安全管理条例实施细则》《工作场所安全使用化学危险品规定》《危险货物运输规则》《易燃易爆化学品消防安全监督管理办法》《危险货物分类和品名编号》《危险化学品经营许可证发放办法》《化学工业毒物登记管理办法》《中华人民共和国环境保护法危险化学品环境管理登记办法》《危险货物包装标志》《道路危险化学品货物运输管理规定》《道路运输危险货物车辆标志》等。

其中化学品的安全标准主要包括：《危险货物分类和品名编号》、《危险化学品重大危险源辨识》、《危险货物命名原则》、《危险货物品名表》、《化学品分类和危险性通则》、《职业性接触毒物危害程度分级》、《危险货物运输包装类别划分方法》、《危险化学品仓库储存通则》、《化学品安全标签编写规定》、《化学品安全技术说明书内容和项目顺序》等。

5.2 危险化学品分类

《全球化学品统一分类和标签制度》（Globally Harmonized System of Classification and Labeling of Chemicals，简称GHS，又称“紫皮书”）是由联合国于2003年出版的指导各国建立统一化学品分类和标签制度的规范性文件，因此也常被称为联合国GHS。联合国GHS第一部发布于2003年，每两年修订一次。GHS制度采用两种方式公示化学品的危害信息：标签和安全数据单（safety data sheet，简称SDS），SDS在我国的标准中常称为“物质安全数据表”（MSDS）。GHS不断修订的意义在于：保护人类健康和满足环境的需要；完善现有化学品分类和标签体系；规范危险化学品使用。

联合国经济委员会在《关于危险货物运输的建议书　规章范本》（第23次修订版）中，按危险货物具有的危险性或最主要的危险性分为以下9个类别。

第1类：爆炸品；

第2类：气体；

第3类：易燃液体；

第4类：易燃固体、易于自燃的物质、遇水放出易燃气体的物质；

第5类：氧化性物质和有机过氧化物；

第6类：毒性物质和感染性物质；

第7类：放射性物质；

第8类：腐蚀性物质；

第9类：杂项危险物质和物品，包括危害环境物质。

本类是指存在危险但不能满足其他类别定义的物质和物品，包括：

① 以微细粉尘吸入可危害健康的物质，如UN 2212、UN 2590；

② 会放出易燃气体的物质，如UN 2211、UN 3314；

③ 锂电池组，如UN 3090、UN3091、UN 3480、UN 3481；

④ 救生设备，如UN 2990、UN3072、UN 3268；

⑤ 一旦发生火灾可形成二噁英的物质和物品，如UN 2315、UN 3432、UN 3151、

UN3152；

⑥ 在高温下运输或提交运输的物质，是指在液态温度达到或超过100℃，或固态温度达到或超过240℃条件下运输的物质，如UN 3257、UN 3258；

⑦ 危害环境物质，包括污染水生环境的液体或固体物质，以及这类物质的混合物（如制剂和废物），如UN 3077、UN 3082；

⑧ 不符合第6.1项毒性物质或第6.2项感染性物质定义的经基因修改的微生物和生物体，如UN3245；

⑨ 其他，如UN 1841、UN 1845、UN1931、UN 1941、UN 1990、UN 2071、UN 2216、UN 2807、UN 2969、UN 3166、UN3171、UN 3316、UN 3334、UN 3335、UN 3359、UN3363。

危害水生环境物质也是第9类危险品常见的分类，确定该分类需要知道鱼类、甲壳纲动物以及藻类或其他水生植物的LC_{50}（或EC_{50}）数值［急性毒性LC_{50}（或EC_{50}）、慢性毒性NOEC（或EC_x）］及BCF等相关数据。

我国没有专门为GHS的实施进行单独立法，而是由《危险化学品安全管理条例》《危险化学品登记管理办法》以及一系列分类的国标、制作MSDS和标签的法规以及标准体系组成，其中《危险化学品安全管理条例》是管理中国GHS的最高法律。

目前我国对化学品的管理是按《危险化学品安全管理条例》来执行，无论是境内企业进行生产、经营或是境外企业将产品出口到中国，都必须依照中国的化学品法规完成应对责任。2011年12月1日，中国正式实施《危险化学品安全管理条例》最新修订版（即591号令），修订条例由原条例（344号令）的74条增加至102条，对企业提出了更多要求。本次中国GHS标准写入《条例》，要求化学品企业依据中国GHS标准制作及更新安全技术说明书和安全标签，这也正式宣告中国GHS的实施进入法规层面；危险化学品进口企业增加登记要求；化学品使用企业增加危险化学品安全使用许可要求。

目前已公布的涉及危险化学品标准有三个：《危险货物分类和品名编号》（GB 6944—2012）、《危险货物品名表》（GB 12268—2012）、《化学品分类和危险性公示　通则》（GB 13690—2009），将危险化学品分为八大类，每一类又分为若干项。

第一类：爆炸品，爆炸品指在外界作用下（如受热、摩擦、撞击等）能发生剧烈的化学反应，瞬间产生大量的气体和热量，使周围的压力急剧上升，发生爆炸，对周围环境、设备、人员造成破坏和伤害的物品。爆炸品在国家标准中分为5项，其中有3项包含危险化学品。

第1项：具有整体爆炸危险的物质和物品，如高氯酸。

第2项：具有燃烧危险和较小爆炸危险的物质和物品，如二亚硝基苯。

第3项：无重大危险的爆炸物质和物品，如四唑并-1-乙酸。

第二类：压缩气体和液化气体，指压缩的、液化的或加压溶解的气体。这类物品当受热、撞击或强烈震动时，容器内压力急剧增大，致使容器破裂，物质泄漏、爆炸等。它分为3项。

第1项：易燃气体，如氨气、一氧化碳、甲烷等。

第2项：不燃气体（包括助燃气体），如氮气、氧气等。

第3项：有毒气体，如氯（液化的）、氨（液化的）等。

第三类：易燃液体，本类物质在常温下易挥发，其蒸气与空气混合能形成爆炸性混合物。它分为 3 项。

第 1 项：低闪点液体，即闪点低于－18℃的液体，如乙醛、丙酮等。

第 2 项：中闪点液体，即闪点在－18℃～23℃的液体，如苯、甲醇等。

第 3 项：高闪点液体，即闪点在 23℃以上的液体，如环辛烷、氯苯、苯甲醚等。

第四类：易燃固体、自燃物品和遇湿易燃物品，这类物品易于引起火灾，按它的燃烧特性分为 3 项。

第 1 项：易燃固体，指燃点低，对热、撞击、摩擦敏感，易被外部火源点燃，迅速燃烧，能散发有毒烟雾或有毒气体的固体。如红磷、硫黄等。

第 2 项：自燃物品，指自燃点低，在空气中易于发生氧化反应放出热量而自行燃烧的物品。如黄磷、三氯化钛等。

第 3 项：遇湿易燃物品，指遇水或受潮时，发生剧烈反应，放出大量易燃气体和热量的物品，有的不需明火，就能燃烧或爆炸。如金属钠、氢化钾等。

第五类：氧化剂和有机过氧化物，这类物品具有强氧化性，易引起燃烧、爆炸，按其组成分为 2 项。

第 1 项：氧化剂，指具有强氧化性，易分解放出氧和热量的物质，对热、震动和摩擦比较敏感。如氯酸铵、高锰酸钾等。

第 2 项：有机过氧化物，指分子结构中含有过氧键的有机物，其本身易燃易爆、极易分解，对热、震动和摩擦极为敏感。如过氧化苯甲酰、过氧化甲乙酮等。

第六类：毒害品，指进入人（动物）肌体后，累积达到一定的量能与体液和组织发生生物化学作用或生物物理作用，扰乱或破坏肌体的正常生理功能，引起暂时或持久性的病理改变，甚至危及生命的物品。如各种氰化物、砷化物、化学农药等。

第七类：放射性物品，它属于危险化学品，但不属于《危险化学品安全管理条例》的管理范围，国家还另外有专门的“条例”来管理。

第八类：腐蚀品，指能灼伤人体组织并对金属等物品造成损伤的固体或液体。这类物质按化学性质分为 3 项。

第 1 项：酸性腐蚀品，如硫酸、硝酸、盐酸等。

第 2 项：碱性腐蚀品，如氢氧化钠、硫氢化钙等。

第 3 项：其他腐蚀品，如二氯乙醛、苯酚钠等。

5.3 标签识别及安全信息获取

5.3.1 危险化学品标签

对于化学品，普通人总有一种恐惧，但读懂了化学品上的危险品警示标签，将有助于对其进行恰当地处理，避免操作不当引起的损失。按照 2017 年 7 月联合国 GHS 制度第七次修订版和 2011 年 12 月中国正式实施的《危险化学品安全管理条例》，一份合格的危险品标签可划分为 8 部分。以图 5.1 为例来说明。

第一部分：危险品的名称，有时候还列明了危险品的组分。但对于大部分人来说，名称都比较陌生，不认识的可以略过。

第二部分：危险品的警告词和警告语。警告词分为 2 种，根据危险程度大小分为“危险”和“警告”。当警告词是“危险”时，说明此化学品危险程度高，需要更加注意，如果是易燃液体，此时的警告语通常为“极易燃/高度易燃液体和蒸气”；当警告词是“警告”时，说明此化学品危险程度较低，此时的警告语只是“易燃液体和蒸气”。

第三部分：象形标签。此标签表达危险品性质比较直观。图 5.1 中第一个象形标签代表易燃；第二个骷髅标签代表有毒；第三个标签代表对环境有害。

1 **甲醇** 组分：甲醇:99.0%

2

3

高度易燃液体和蒸气，吞咽会中毒，皮肤接触会中毒，吸入会中毒，对器官造成损害

【预防措施】 4

- 远离热源、热表面、火花、明火以及其它点火源。禁止吸烟。
- 保持容器密闭。
- 容器和接收设备接地和等势联接。
- 使用防爆[电气/通风/照明]设备。
- 使用不产生火花的工具。
- 采取措施，防止静电放电。
- 避免吸入粉尘/烟/气体/烟雾/蒸气/喷雾。
- 作业后彻底清洗。
- 使用本产品时不要进食、饮水或吸烟。
- 戴防护手套/穿防护服/戴防护眼罩/戴防护面具。

【事故响应】 5

- 如皮肤(或头发)沾染：立即去除/脱掉所有沾染的衣服。用水清洗皮肤或淋浴。
- 如误吸入：将受害人转移到空气新鲜处，保持呼吸舒适的休息姿势。
- 如进入眼睛：用水小心冲洗几分钟。如戴隐形眼镜并可方便地取出，取出隐形眼镜。继续冲洗。
- 如感觉不适，呼叫解毒中心或医生。
- 如仍觉眼刺激：求医/就诊。
- 如误吞咽：立即呼叫解毒中心或医生。

【安全储存】 6

- 存放在通风良好的地方。保持容器密闭。
- 存放在通风良好的地方。保持低温。
- 存放处须加锁。

【废弃处置】 7

- 按照地方/区域/国家/国际规章处置内装物/容器。

8 请参阅化学品安全技术说明书

供应商: XX有限公司 **电话**: 000-88888888

地址:XXXXXXXXXXXX **邮编**:888888

化学事故应急咨询电话：88888888

图 5.1 化学品标签

第四部分：预防措施。就是处理危险品时应该采取的防护措施和注意事项。

第五部分：事故响应。就是发生危险品意外时应采取的补救措施。此项要特别注意食入后的处理，一定要看清楚是否适用催吐，很多人觉得吃入后要马上催吐，但并不是所有化学品都适合催吐的。某些化学品催吐的过程中有可能造成液体进入肺部，造成危害更大的肺水肿。所以一定要分辨清楚。

第六部分：关于储存条件的。一般化学品应该室内储存，并避免高温、潮湿和阳光直射。

第七部分：废置处理。一般由专业公司回收处理，即使是废弃的包装（例如空桶）。某些事故就是由于非专业人士切割装过溶剂的空桶而造成爆炸伤亡的。

第八部分：供应商或厂家联系方式。如果需要了解化学品更详细的性质，或者发生事故不知如何处理，可以致电供应商寻求帮助。里面有 24h 的联络电话，非常方便。

5.3.2 化学品安全技术说明书

MSDS 即物质安全数据单（material safety data sheet）的英文简写，MSDS 也常被翻译成化学品安全技术说明书。它是化学品生产、贸易、销售企业按法律要求向下游客户和公众提供的有关化学品特征的一份综合性法规文件。具体提供化学品的理化参数、燃爆性能、对健康的危害、安全使用储存、泄漏处置、急救措施以及有关的法律法规等十六项内容。美、欧等发达国家对环境、职业健康的法律要求极为严格，在化学品的国际贸易中，供应商是必须要提供的。在美国、加拿大及欧洲国家，企业里都设有危险化学品管理部或职业健康及环境科学管理部，专门审核化学品供应商提供的 MSDS，符合条件的供应商才有资格和采购部门进行下一步的商务接触。

安全技术说明书规定的十六大项内容在编写时不能随意删除或合并，其顺序不可随意变更。安全技术说明书的正文应采用简洁、明了、通俗易懂的规范汉字表述。数字资料要准确可靠，系统全面。安全技术说明书采用“一个品种一卡”的方式编写，同类物、同系物的技术说明书不能互相替代；混合物要填写有害性组分及其含量范围。所填数据应是可靠和有依据的。一种化学品具有一种以上的危害性时，要综合表述其主、次危害性以及急救、防护措施。安全技术说明书由化学品的生产供应企业编印，在交付商品时提供给用户，作为提供给用户的一种服务随商品在市场上流通。化学品的用户在接收使用化学品时，要认真阅读安全技术说明书，了解和掌握化学品的危险性，并根据使用的情形制订安全操作规程，选用合适的防护器具，培训作业人员。安全技术说明书的数值和资料要准确可靠，选用的参考资料要有权威性，必要时可咨询省级以上职业安全卫生专门机构。

国际标准协会 ANSI 以及 ISO 建议实行的 MSDS 内容包括以下几个方面。

① 化学品及企业标识（chemical product and company identification）　主要标明化学品名称、生产企业名称、地址、邮编、电话、应急电话、传真和电子邮件地址等信息。

② 成分/组成信息（composition/information on ingredients）　标明该化学品是纯化学品还是混合物。纯化学品，应给出其化学品名称或商品名和通用名。混合物，应给出危害性组分的浓度或浓度范围。无论是纯化学品还是混合物，如果其中包含有害性组分，则应给出化学文摘索引登记号（CAS 号）。

③ 危险性概述（hazards summarizing）　简要概述本化学品最重要的危害和效应，主要包括：危害类别、侵入途径、健康危害、环境危害、燃爆危险等信息。

④ 急救措施（first-aid measures）　指作业人员意外受到伤害时，所需采取的现场自救或互救的简要处理方法，包括：眼睛接触、皮肤接触、吸入、食入的急救措施。

⑤ 消防措施（fire-fighting measures） 主要标示化学品的物理和化学特殊危险性，合适的灭火介质、不合适的灭火介质以及消防人员个体防护等方面的信息，包括：危险特性、灭火介质和方法，灭火注意事项等。

⑥ 泄漏应急处理（accidental release measures） 指化学品泄漏后现场可采用的简单有效的应急措施、注意事项和消除方法，包括：应急行动、应急人员防护、环保措施、消除方法等内容。

⑦ 操作处置与储存（handling and storage） 主要是指化学品操作处置和安全储存方面的信息资料，包括：操作处置作业中的安全注意事项、安全储存条件和注意事项。

⑧ 接触控制/个体防护（exposure controls/personal protection） 在生产、操作处置、搬运和使用化学品的作业过程中，为保护作业人员免受化学品危害而采取的防护方法和手段。包括：最高容许浓度、工程控制、呼吸系统防护、眼睛防护、身体防护、手防护、其他防护要求。

⑨ 理化特性（physical and chemical properties） 主要描述化学品的外观及理化性质等方面的信息，包括：外观与性状、pH 值、沸点、熔点、相对密度（$\rho_{水}=1$）、相对蒸气密度（$\rho_{空气}=1$）、饱和蒸气压、燃烧热、临界温度、临界压力、辛醇/水分配系数、闪点、引燃温度、爆炸极限、溶解性、主要用途和其他一些特殊理化性质。

⑩ 稳定性和反应性（stability and reactivity） 主要叙述化学品的稳定性和反应活性方面的信息，包括：稳定性、禁配物、应避免接触的条件、聚合危害、分解产物。

⑪ 毒理学资料（toxicological information） 提供化学品的毒理学信息，包括：不同接触方式的急性毒性（LD_{50}、LD50）、刺激性、致敏性、亚急性和慢性毒性，致突变性、致畸性、致癌性等。

⑫ 生态学资料（ecological information） 主要陈述化学品的环境生态效应、行为和转归，包括：生物效应（如 LD_{50}、LD50）、生物降解性、生物富集、环境迁移及其他有害的环境影响等。

⑬ 废弃处置（disposal） 是指被化学品污染的包装和无使用价值的化学品的安全处理方法，包括废弃处置方法和注意事项。

⑭ 运输信息（transport information） 主要是指国内、国际化学品包装、运输的要求及运输规定的分类和编号，包括：危险货物编号、包装类别、包装标志、包装方法、UN 编号及运输注意事项等。

⑮ 法规信息（regulatory information） 主要是化学品管理方面的法律条款和标准。

⑯ 其他信息（other information） 主要提供其他对安全有重要意义的信息，包括：参考文献、填表时间、填表部门、数据审核单位等。

在国际贸易中，MSDS 的质量是衡量一个公司实力、形象以及管理水平的一个重要标志，高质量的化学产品配有高质量的 MSDS，是企业有效的形象宣传。化学品安全说明书作为传递产品安全信息的基础性技术文件，其主要作用体现在如下方面：

① 提供有关化学品的危害信息，保护化学产品使用者；

② 确保安全操作，为制订危险化学品安全操作规程提供技术信息；

③ 提供有助于紧急救助和事故应急处理的技术信息；

④ 指导化学品的安全生产、安全流通和安全使用；

⑤ 是化学品登记管理的重要基础和信息来源。

5.3.3 危险化学品的标志

危险化学品标志是指危险化学品在市场上流通时由生产销售单位提供的附在化学品包装上的标志，是向作业人员传递安全信息的一种载体，它用简单、易于理解的文字和图形表述有关化学品的危险特性及其安全处置的注意事项，警示作业人员进行安全操作和处置。《危险货物包装标志》（GB 190—2009）规定了危险货物包装图示标志的分类图形、尺寸、颜色及使用方法等（见表 5.1）。

■ 表 5.1 危险化学品标志

序号	标志名称	标志图形	类项号
1	爆炸性物质或物品	（符号：黑色，底色：橙红色）	1.1 1.2 1.3
		1.4 * 1 （符号：黑色，底色：橙红色）	1.4
		1.5 * 1 （符号：黑色，底色：橙红色）	1.5

续表

序号	标志名称	标志图形	类项号
1	爆炸性物质或物品	1.6 * 1 （符号：黑色，底色：橙红色） * * 项号的位置——如果爆炸性是次要危险性，留空白 * 配装组字母的位置——如果爆炸性是次要危险品，留空白	1.6
2	易燃气体	2 2 （符号：黑色或白色，底色：正红色）	2.1
	非易燃无毒气体	2 2 （符号：黑色或白色，底色：绿色）	2.2
	毒性气体	2 （符号：黑色，底色：白色）	2.3

续表

序号	标志名称	标志图形	类项号
3	易燃液体	3 3 （符号：黑色或白色，底色：正红色）	3
4	易燃固体	4 （符号：黑色，底色：白色红条）	4.1
	易于自燃的物质	4 （符号：黑色，底色：上白下红）	4.2
	遇水放出易燃气体的物质	4 4 （符号：黑色或白色，底色：蓝色）	4.3
5	氧化性物质	5.1 （符号：黑色，底色：柠檬黄色）	5.1

续表

序号	标志名称	标志图形	类项号
5	有机过氧化物	5.2 5.2 （符号：黑色或白色，底色：红色和柠檬黄色）	5.2
6	毒性物质	6 （符号：黑色，底色：白色）	6.1
	感染性物质	6 （符号：黑色，底色：白色）	6.2
7	一级放射性物质	RADIOACTIVE I CONTENTS ACTIVITY 7 （符号：黑色，底色：白色，附一条红竖条） 黑色文字，在标签下半部分写上： “放射性” “内装物________” “放射性强度________” 在“放射性”字样之后应有一条红竖条	7A

续表

序号	标志名称	标志图形	类项号
7	二级放射性物质	（符号：黑色，底色：上黄下白，附两条红竖条） 黑色文字，在标签下半部分写上： “放射性” “内装物________” “放射性强度________” 在一个黑边框格内写上：“运输指数” 在“放射性”字样之后应有两条红竖条	7B
	三级放射性物质	（符号：黑色，底色：上黄下白，附三条红竖条） 黑色文字，在标签下半部分写上： “放射性” “内装物________” “放射性强度________” 在一个黑边框格内写上：“运输指数” 在“放射性”字样之后应有三条红竖条	7C
	裂变性物质	（符号：黑色，底色：白色） 黑色文字 在标签上半部分写上：“易裂变” 在标签下半部分的一个黑边 框格内写上：“临界安全指数”	7E

续表

序号	标志名称	标志图形	类项号
8	腐蚀性物质	8 （符号：黑色，底色：上白下黑）	8
9	杂项危险物质和物品	9 （符号：黑色，底色：白色）	9

注：类项号指对应 GB 13690—2009《化学品分类和危险性通则》的危险货物的编号。

标志的尺寸一般分为 4 种，50mm×50mm、100mm×100mm、150mm×150mm、250mm×250mm，如遇特大或特小的运输包装件，标志的尺寸可按规定适当扩大或缩小。每种危险品包装件应按其类别粘贴相应的标志。但如果某种物质或物品还有属于其他类别的危险性质，包装上除了粘贴该类标志作为主标志以外，还应粘贴表明其他危险性的标志作为副标志，副标志图形的下角不应标有危险货物的类项号。标志的位置规定如下：①箱状包装，位于包装端面或侧面的明显处；②袋、捆包装，位于包装明显处；③桶形包装，位于桶身或桶盖；④集装箱、成组货物，粘贴四个侧面。

5.4 常见危险化学品特性

5.4.1 爆炸品

爆炸品的特点之一是爆炸性强。爆炸品都具有化学不稳定性，在一定外因的作用下，能以极快的速度发生猛烈的化学反应，产生的大量气体和热量在短时间内无法逸散开去，致使周围的温度迅速升高并产生巨大的压力而引起爆炸。

爆炸品的特点之二是敏感度高。各种爆炸品的化学组成和性质决定了它具有发生爆炸的可能性，但如果没有必要的外界作用，爆炸是不会发生的，也就是说，任何一种爆炸品的爆炸都需要外界供给它一定的能量——起爆能。不同的炸药所需的起爆能不同，某一炸药所需的最小起爆能，即为该炸药的敏感度，简称感度。起爆能与敏感度成反比，起爆能越小，敏感度越高。从储运的角度来讲，希望敏感度低些，但实际上如果炸药的敏感度过低，则需要消耗较大的起爆能，造成使用不便，因而各使用部门对炸药的敏感度都有一定的要求。我们应该了解各种爆炸品的敏感度，以便在生产、储存、运输、使用中适当控制，确保安全。

爆炸品的感度主要分热感度（加热、火花、火焰）、机械感度（冲击、针刺、摩擦、撞击）、静电感度（静电、电火花）和起爆感度（雷管、炸药）等。不同的爆炸品的各种感度数据是不同的。爆炸品在储运中必须远离火种、热源及防震等要求就是根据它的热感度和机械感度来确定的。

决定爆炸品敏感度的内在因素是它的化学组成和结构，影响敏感度的外在因素还有温度、杂质、结晶、密度等。

① 化学组成和化学结构　爆炸品的化学组成和化学结构是决定其具有爆炸性质的主要因素。具体地讲是由于分子中含有某些“爆炸性基团”引起的。例如：叠氮化合物中的—N═N—N，雷汞、雷银中的—O—N═C，硝基化合物中的$—NO_2$，重氮化合物中的—N≡N—等。

②“爆炸品基团”数目　爆炸品分子中含有“爆炸性基团”的数目对敏感度也有明显的影响，例如芳香族硝基化合物，随着分子中硝基（$—NO_2$）数目的增加，其敏感度亦增高。硝基苯只含有一个硝基，它在加热时虽然分解，但不易爆炸，因其毒性突出定为毒害品；(邻、间、对)二硝基苯虽然具有爆炸性，但不敏感，由于它的易燃性比爆炸性更突出，所以定为易燃固体；三硝基苯所含硝基的数目在三者中最多，其爆炸性突出，非常敏感，故定为爆炸品。

③ 温度　爆炸品的温度敏感度是不同的。例如：雷汞为165℃，黑火药为270～300℃，苦味酸为300℃。同一爆炸品随着温度升高，其机械感度也升高。原因在于其本身具有的内能也随温度相应的增高，对起爆所需外界供给的能量则相应地减少。因此，爆炸品在储存、运输中绝对不允许受热，必须远离火种、热源，避免日光照射，在夏季要注意通风降温。

④ 杂质　杂质对爆炸品的敏感度也有很大影响，而且不同的杂质所引起的影响也不同。在一般情况下，固体杂质，特别是硬度高、有尖棱的杂质能增加爆炸品的敏感度。因为这些杂质能使冲击能量集中在尖棱上，产生许多高能中心，促使爆炸品爆炸。例如，TNT炸药中混进砂粒后，敏感度就显著提高。因此，在储存、运输中，特别是在洒漏后收集时，要防止砂粒、尘土混入；相反，松软的或液态杂质混入爆炸品后，往往会使敏感度降低。例如：雷汞含水大于10%时可在空气中点燃而不爆炸；苦味酸含水量超过35%时就不会爆炸。因此，在储存中，对加水降低敏感度的爆炸品如苦味酸等，要经常检查有无漏水情况，含水量少时应立即添加，包装破损时要及时修理。

⑤ 晶型　有些爆炸品由于晶型不同，它的敏感度也不同。例如：液体硝酸甘油炸药在凝固、半凝固时，结晶多呈三斜晶系，属不安定型。不安定型结晶比液体的机械感度更高，对摩擦非常敏感，甚至微小的外力作用就足以引起爆炸。因此，硝酸甘油炸药在冷天要做防冻工作，储存温度不得低于15℃，以防止冻结。

⑥ 密度　随着密度增大，通常爆炸品的敏感度均有所下降。粉碎、疏松的爆炸品敏感度高，是因为密度不仅直接影响冲击力、热量等外界作用在爆炸品中的传播，而且对炸药颗粒之间的相互摩擦也有很大影响。在储运中应注意包装完好，防止破裂致使炸药粉碎而导致危险。

5.4.2 压缩气体和液化气体

储于钢瓶内的压缩气体、液化气体或加压溶解的气体受热膨胀，压力升高，能使钢瓶爆裂，特别是液化气体装得太满时尤其危险，应严禁超量灌装，并防止钢瓶受热。

压缩气体和液化气体不允许泄漏。其原因除有些气体有毒、易燃外，还因有些气体相互接触后会发生化学反应引起燃烧爆炸。例如氢和氯、氢和氧、乙炔和氯、乙炔和氧均能发生爆炸。因此，凡内容物为禁忌物的钢瓶应分别存放。

压缩气体和液化气体除具有爆炸性外，有的还具有易燃性（如氢气、甲烷、液化石油气等）、助燃性（如氧气、压缩空气等）、毒害性（如氰化氢、二氧化硫、氯气等）、窒息性（如二氧化碳、氮气等，虽无毒，不燃，不助燃，但在高浓度时亦会导致人畜窒息死亡）等性质。

5.4.3 易燃液体

易燃和可燃的气体、液体蒸气、固体粉尘与空气混合后，遇火源能够引起燃烧爆炸的浓度范围称为爆炸极限，一般用该气体或蒸气在混合气体中的体积分数来表示，粉尘的爆炸极限用 g/m^3 表示。能引起燃烧爆炸的最低浓度称为爆炸下限，能引起燃烧爆炸的最高浓度称为爆炸上限。当可燃气体或易燃液体的蒸气在空气中的浓度小于爆炸下限时，由于可燃物量不足，并因含有较多的空气燃烧不会发生，也就不会爆炸；当浓度大于爆炸上限时，则因空气不足，燃烧不能发生，也不会爆炸。只有在上限与下限浓度范围内，遇到火种才会爆炸。因此，凡是爆炸极限范围越大、爆炸下限越低的物质，它的危险性就越大。在生产中浓度只要高于下限的25%就视为危险场所，低于下限的25%可视为安全，可以进行动火作业等。易燃液体具有以下特性。

① 高度流动扩散性　易燃液体的分子多为非极性分子，黏度一般都很小。不仅本身极易流动，还因渗透、浸润及毛细现象等作用，即使容器只有极细的裂纹，易燃液体也会渗出容器壁外，扩大其表面积，并源源不断地挥发，使空气中的易燃液体蒸气浓度增高。从而增加了燃烧爆炸的危险性。

② 受热膨胀性　易燃液体的膨胀系数比较大，受热后体积容易膨胀，同时其蒸气压亦随之升高，从而使密封容器内部压力增大，造成“鼓桶”甚至爆裂。在容器爆裂时会产生火花而引起燃烧爆炸。因此，易燃液体应避热存放，灌装时容器内应留有5%以上的空隙，不可灌满。

③ 忌氧化剂和酸性物质　易燃液体与氧化剂或有氧化性的酸类，特别是硝酸接触，能发生剧烈反应而引起燃烧爆炸。这是因为易燃液体都是有机化合物，能与氧化剂发生氧化反应并产生大量的热，使温度升高到燃点引起燃烧爆炸。例如，乙醇与氧化剂高锰酸钾接触会发生燃烧，与氧化性酸——硝酸接触也会发生燃烧，松节油遇硝酸立即燃烧。因此，易燃液体不得与氧化剂及有氧化性的酸类接触。

④ 毒性　大多数易燃液体及其蒸气均有不同程度的毒性，例如：甲醇、苯、二硫化碳等。不但吸入其蒸气会中毒，有的经皮肤吸收也会造成中毒事故。因此应注意劳动防护。

5.4.4 易燃固体、自燃物品和遇湿易燃物品

① 易燃固体的主要特性是容易被氧化，受热易分解或升华，遇明火常会引起强烈、连续的燃烧。

② 易燃固体与氧化剂接触，反应剧烈而发生燃烧爆炸。例如：赤磷与氯酸钾接触，硫黄粉与氯酸钾或过氧化钠接触，均易立即发生燃烧爆炸。

③ 易燃固体对摩擦、撞击、震动也很敏感。例如：赤磷、闪光粉等也能起火燃烧甚至爆炸。

④ 有些易燃固体与酸类（特别是氧化性酸）反应剧烈，会发生燃烧爆炸。例如：发泡剂 H 与酸或酸雾接触会迅速着火燃烧，萘遇浓硝酸（特别是发烟硝酸）反应剧烈会发生爆炸。

⑤ 许多易燃固体有毒，或燃烧产物有毒或有腐蚀性。例如：二硝基苯、二硝基苯酚、硫黄、五硫化二磷等。

5.4.5 氧化剂和过氧化物

① 氧化剂中的无机过氧化物均含有过氧基（—O—O—），很不稳定，易分解放出原子氧，其余的氧化剂则分别含有高价态的氯、溴、碘、氮、硫、锰、铬等元素，这些高价态的元素都有较强的得电子能力。因此氧化剂最突出的性质是遇易燃物品、可燃物品、有机物、还原剂等会发生剧烈化学反应引起燃烧爆炸。

② 氧化剂遇高温易分解放出氧和热量，极易引起燃烧爆炸。特别是有机过氧化物分子中的过氧基（—O—O—）很不稳定，易分解放出原子氧，而且有机过氧化物本身就是可燃物，易着火燃烧，受热分解的生成物又均为气体，更易引起爆炸。所以，有机过氧化物比无机氧化剂有更大的火灾爆炸危险。

③ 许多氧化剂如氯酸盐类、硝酸盐类、有机过氧化物等对摩擦、撞击、震动极为敏感。储运中要轻装轻卸，以免增加其爆炸性。

④ 大多数氧化剂，特别是碱性氧化剂，遇酸反应剧烈，甚至发生爆炸。例如：过氧化钠（钾）、氯酸钾、高锰酸钾、过氧化二苯甲酰等，遇硫酸立即发生爆炸。这些氧化剂不得与酸类接触，也不可用酸碱灭火剂灭火。

⑤ 有些氧化剂特别是活泼金属的过氧化物如过氧化钠（钾）等，遇水分解放出氧气和热量，有助燃作用，使可燃物燃烧，甚至爆炸。这些氧化剂应防止受潮，灭火时严禁用水、酸碱、泡沫、二氧化碳灭火剂扑救。

⑥ 有些氧化剂具有不同程度的毒性和腐蚀性。例如铬酸酐、重铬酸盐等既有毒性，又会灼伤皮肤，活泼金属的过氧化物有较强的腐蚀性。操作时应做好个人防护。

⑦ 有些氧化剂与其他氧化剂接触后能发生复分解反应，放出大量热而引起燃烧爆炸。如亚硝酸盐、次亚氯酸盐等遇到比它强的氧化剂时显还原性，发生剧烈反应而导致危险。所以各种氧化剂亦不可任意混储混运。

5.4.6 毒害品和感染性物品

这类物品的主要特性是具有毒性。少量进入人、畜体内即能引起中毒和感染，不但口服会中毒，吸入其蒸气也会中毒，有的还能通过皮肤吸收引起中毒。所以除不得入口及吸

入大量蒸气外，还应避免触及皮肤。

为保证人身安全，对有毒品特别强调以下几点：

① 有毒品在水中的溶解度越大，其危险性也越大。因为人体内含有大量水分，所以越易溶解于水的有毒品越易被人体吸收。

② 有些有毒品虽不溶于水，但能溶于脂肪中，同样能通过溶解于皮肤表面的脂肪层侵入毛孔或渗入皮肤而引起中毒。

③ 有毒品经过皮肤破裂的地方侵入人体，会随血液蔓延全身，加快中毒速度。因此，在皮肤破裂时，应停止或避免对有毒品的作业。

④ 通过消化道侵入人体的危险性比通过皮肤更大，因此进行有毒品作业时应严禁饮食、吸烟等。

⑤ 固体有毒品的颗粒越小越易引起中毒，因为颗粒小容易飞扬，容易经呼吸道吸入肺泡，被人体吸收而引起中毒。

⑥ 毒品的挥发性越大，空气中的浓度就越高，从而越容易从呼吸道侵入人体引起中毒。其中无色无味者比色浓味烈者难以察觉，隐蔽性更强，更易引起中毒。

5.4.7 放射性物品

放射性物品具有放射性，能自发、不断地放出人们感觉器官不能觉察到的射线。放射性物质放出的射线可分为四种：α射线，也叫甲种射线；β射线，也叫乙种射线；γ射线，也叫丙种射线；还有中子流。但是各种放射性物品放出的射线种类和强度不尽一致。如果这些射线从人体外部照射时，β、γ射线和中子流对人的危害很大，达到一定剂量时易使人患放射病，甚至死亡。如果放射性物质进入体内时，则α射线的危害最大，其他射线的危害较大，所以要严防放射性物品进入体内。

许多放射性物品毒性很大，如钋210、镭226、镭228、钍230等都是剧毒的放射性物品，钠22、钴60、锶90、碘131、铅210等为高毒的放射性物品，均应注意。化学方法中和或者其他方法均不能终止放射性物品的放射性，只能设法把放射性物质清除或者用适当的材料予以吸收屏蔽。

5.4.8 腐蚀品

(1) 强烈的腐蚀性

腐蚀品之所以具有强烈的腐蚀性，主要是由于这类物品具有酸性、碱性、氧化性或吸水性等所致。

① 对人体有腐蚀作用，造成化学灼伤。腐蚀品使人体细胞受到破坏所形成的化学灼伤，与火烧伤、烫伤不同。化学灼伤在开始时往往不太痛，待发觉时，部分组织已经灼伤坏死，所以较难治愈。

② 对金属有腐蚀作用。腐蚀品中的酸和碱甚至盐类都能引起金属不同程度的腐蚀。

③ 对有机物质有腐蚀作用。能和布匹、木材、纸张、皮革等发生化学反应，使其遭受腐蚀而损坏。

④ 对建筑物有腐蚀作用。如酸性腐蚀品能腐蚀库房的水泥地面，而氢氟酸能腐蚀玻璃。

(2) 毒性

多数腐蚀品有不同程度的毒性，有的还是剧毒品，如氢氟酸、液溴、五溴化磷等。

(3) 易燃性

部分有机腐蚀品遇明火易燃烧，如冰醋酸、乙酸酐、苯酚等。

(4) 氧化性

部分无机酸腐蚀品，如浓硝酸、浓硫酸、高氯酸等具有氧化性能，遇有机化合物如食糖、稻草、木屑、松节油等易因氧化发热而引起燃烧。高氯酸浓度超过72%时通常极易爆炸，属爆炸品，高氯酸浓度低于72%时属无机酸性腐蚀品，但遇还原剂、受热等也会发生爆炸。

5.5 危险化学品的储存

每一类危险化学品都有特有的化学品性。在储存方面，为避免事故发生造成损失，针对每一类别的化学品应该按照其特性采取对应的储存方法，设置一系列对应的注意事项。

5.5.1 危化品储存的基本要求

根据《危险化学品储存通则》（GB 15603—2022）的规定，储存危险化学品基本安全要求如下。

① 储存危险化学品必须遵照国家法律、法规和其他有关的规定。

② 危险化学品必须储存在经公安部门批准设置的专门的危险化学品仓库中，经销部门自管仓库储存危险化学品及储存数量必须经公安部门批准。未经批准不得随意设置危险化学品储存仓库。

③ 危险化学品露天堆放，应符合防火、防爆的安全要求，爆炸物品、一级易燃物品、遇湿易燃物品、剧毒物品不得露天堆放。

④ 储存危险化学品的仓库必须配备有专业知识的技术人员，其库房及场所应设专人管理，管理人员必须配备可靠的个人安全防护用品。

⑤ 储存的危险化学品应有明显的标志，标志应符合 GB 190—2009《危险货物包装标志》的规定。同一区域储存两种或两种以上不同级别的危险化学品时，应按最高等级危险化学品的性能设置标志。

⑥ 危险化学品储存方式分为隔离储存、隔开储存、分离储存 3 种。

⑦ 根据危险化学品性能分区、分类、分库储存。各类危险化学品不得与禁忌物料混合储存。

⑧ 储存危险化学品的建筑物、区域内严禁吸烟和使用明火。

5.5.2 爆炸品的储存

由于爆炸品在爆炸的瞬间能释放出巨大的能量，使周围的人、畜及建筑物受到极大的伤害和破坏，因此对爆炸品的储存和运输必须高度重视，严格要求，加强管理。保管人员必须熟悉所保管爆炸品的性能、危险特性和安全保管的基本知识，以及不同爆炸品的特殊要求。

① 爆炸品仓库必须选择在人烟稀少的空旷地带，与周围的居民住宅及工厂企业等建筑物必须有一定的安全距离。库房应为单层建筑，周围须装设避雷针。库房要阴凉通风，

远离火种、热源，防止阳光直射，一般库温控制在15～30℃为宜（硝酸甘油库房最低温度不得低于15℃，以防止凝固），相对湿度一般控制在65%～75%，易吸湿的黑火药、硝铵炸药、导火索等相对湿度不得超过65%。库房内部照明应采用防爆型灯具，开关应设在库房外面。物资储存期限应掌握先进先出的原则，防止变质失效。

② 堆放各种爆炸品时，要求做到牢固、稳妥、整齐，防止倒垛，便于搬运。为有利于通风、防潮、降温，爆炸品的包装箱不宜直接放置在地面上，最好铺垫20cm左右的方木或垫板，绝不能用受撞击、摩擦容易产生火花的石块、水泥块或钢材等铺垫。炸药箱的堆垛高度、宽度、长度，垛与垛的间距、墙距、柱距、顶距等均需慎重考虑。每个库房不得超量储存。

③ 为确保爆炸品储存和运输的安全，必须根据各种爆炸品的性能或敏感程度严格分类，专库储存、专人保管、专车运输。

④ 一切爆炸品严禁与氧化剂、自燃物品、酸、碱、盐类、易燃可燃物、金属粉末和钢铁材料器具等混储混运。

⑤ 点火器材、起爆器材不得与炸药、爆炸性药品以及发射药、烟火等其他爆炸品混储混运。

⑥ 加强仓库检查，每天至少两次，查看温、湿度是否正常，包装是否完整，库内有无异味、烟雾，发现异常立即处理。严防猫、鼠等小动物进入库房。

⑦ 装卸和搬运爆炸品时，必须轻装轻卸，严禁摔、滚、翻、抛以及拖、拉、摩擦、撞击，以防引起爆炸。对散落的粉状或粒状爆炸品，应先用水润湿后，再用锯末或棉絮等柔软的材料轻轻收集，小心放到安全地带处置勿使残留。操作人员不能穿带铁钉的鞋和携带火柴、打火机等进入装卸现场。禁止吸烟。

⑧ 严格管理，贯彻“五双管理制度”，做到双人验收、双人保管、双人发货、双本账、双把锁。

⑨ 运输时须经公安部门批准，按规定的行车时间和路线凭准运证方可起运。起运时包装要完整，装载应稳妥，装车高度不可超过栏板，不得与酸、碱、氧化剂、易燃物等其他危险物品混装，车速应加以控制，避免颠簸、震荡。铁路运输禁止溜放。

5.5.3 压缩气体及液化气体钢瓶的储存

① 仓库应阴凉通风，远离热源、火种，防止日光暴晒，严禁受热。库内照明应采用防爆照明灯。库房周围不得堆放任何可燃材料。

② 钢瓶入库验收要注意，包装外形无明显外伤，附件齐全，封闭紧密，无漏气现象，包装使用期应在试压规定期内，逾期不准延期使用，必须重新试压。

③ 内容物互为禁忌物的钢瓶应分库储存。例如：氢气钢瓶与液氯钢瓶、氢气钢瓶与氧气钢瓶、液氯钢瓶与液氨钢瓶等，均不得同库混放。易燃气体不得与其他种类化学危险物品共同储存。储存时钢瓶应直立放置整齐，最好用框架或栅栏围护固定，并留有通道。

④ 装卸时必须轻装轻卸，严禁碰撞、抛掷、溜坡或横倒在地上滚动等，不可把钢瓶阀对准人身，注意防止钢瓶安全帽脱落。装卸氧气钢瓶时，工作服和装卸工具不得沾有油污。易燃气体严禁接触火种。

⑤ 储存中钢瓶阀应拧紧，不得泄漏，如发现钢瓶漏气，应迅速打开库门通风，拧紧钢瓶阀，并将钢瓶立即移至安全场所。若是有毒气体，应戴上防毒面具。失火时应尽快将

钢瓶移出火场，若来不及搬运，可用大量水冷却钢瓶降温，以防高温引起钢瓶爆炸。消防人员应站立在上风处和钢瓶侧面。

⑥ 运输时必须戴好钢瓶上的安全帽。钢瓶一般应平放，并应将瓶口朝向同一方向，不可交叉，高度不得超过车辆的防护栏板，并用三角木垫卡牢，防止滚动。

⑦ 各种钢瓶必须严格按照国家规定，进行定期技术检验。钢瓶在使用过程中，如发现有严重腐蚀或其他严重损伤。应提前进行检验。

⑧ 在储运钢瓶时应检查：

a. 钢瓶上的漆色及标志与各种单据上的品名是否相符，包装、标志、防震胶圈是否齐备，钢瓶上的钢印是否在有效期内。

b. 安全帽是否完整、拧紧，瓶壁是否有腐蚀、损坏、结疤、凹陷、鼓泡和伤痕等。

c. 耳听钢瓶是否有“丝丝”漏气声。

d. 凭嗅觉检测现场是否有强烈刺激性臭味或异味。

5.5.4 易燃液体的储存

① 易燃液体应储存于阴凉通风库房，远离火种、热源、氧化剂及氧化性酸类。闪点低于23℃的易燃液体，其仓库温度一般不得超过30℃，低沸点的品种须采取降温式冷藏措施。大量储存（如苯、醇、汽油等）一般可用储罐存放，机械设备必须防爆，并有导除静电的接地装置。储罐可露天，但气温在30℃以上时应采取降温措施。

② 装卸和搬运中，要轻拿轻放，严禁滚动、摩擦、拖拉等危及安全的操作。作业时禁止使用易发生火花的铁制工具及穿带铁钉的鞋。

③ 专库专储，通常不得与其他危险化学品混放。

④ 热天最好在早晚进出库和运物。在运物、泵送、灌装时要有良好的接地装置，防止静电积聚。运输易燃液体的槽车应有接地链，槽内可设有孔隔板以减少震荡产生的静电。夏季运输应遵守当地具体规定。

⑤ 船运时，配装位置应远离船员室、机舱、电源、热源、火源等部位，舱内电器设备应防爆、通风筒应有防火星装置。装卸时应安排在最后装、最先卸。严禁用木船、水泥船散装易燃液体。

5.5.5 易燃固体、自燃物品和遇湿易燃物品的储存

（1）易燃固体的储存

① 储存于阴凉通风库房内，远离火种、热源、氧化剂及酸类（特别是氧化性酸类），不可与其他危险化学品混放。

② 搬运时轻装轻卸，防止拖、拉、摔、撞，保持包装完好。

③ 有些品种如硝化棉制品等，平时应注意通风散热，防止受潮发霉，并应注意储存期限。储存期较长时（如一年），应拆箱检查有无发热、发霉、变质现象，如有则应及时处理。

④ 对含有水分或乙醇作稳定剂的硝化棉等应经常检查包装是否完好，发现损坏要及时修理，要经常检查稳定剂存在情况，必要时添加稳定剂，润湿必须均匀。

⑤ 在储存中，对不同类型的事故应区别对待。如发现赤磷冒烟，应立即将冒烟的赤磷抢救出仓库，用黄沙、干粉等扑灭。因赤磷从冒烟到起火燃烧有一段时间，可以来得及

抢救。但如果发现散装硫黄冒烟则应及时用水扑救。而镁、铝等金属粉末燃烧，只能用干沙、干粉灭火，严禁用水、酸碱灭火剂、泡沫灭火剂以及二氧化碳灭火。

⑥ 船运时，配装位应远离船员室、机舱、电源、火源、热源等部位，通风筒应有防火星的装置。

(2) 自燃物品的储存

自燃物品种类不多，由于其分子组成、结构不同，发生自燃的原因也不尽相同。因此，我们应根据不同自燃物品的不同特性采取相应的措施，以保证物资的安全。有关储运方面的要求，概括地说，有下列几点。

① 入库验收时，应特别注意包装必须完整密封。储存处应通风、阴凉、干燥，远离火种、热源，防止阳光直射。

② 应根据不同物品的性质和要求，分别选择适当地点，专库储存。严禁与其他危险化学品混储混运。即使少量亦应与酸类、氧化剂、金属粉末、易燃易爆物品等隔离存放。

③ 搬运时应轻装轻卸，不得撞击、翻滚、倾倒，防止包装容器损坏。黄磷在储运时应始终浸没在水中。而忌水的三乙基铝等包装必须严密，不得受潮。

④ 应结合自燃物品的不同特性和季节气候，经常检查库内及垛间有无异状及异味，包装有无渗漏、破损。

⑤ 运输时应按各品种的性质区别对待。船舶装载时，配装位置应远离机舱、热源、火源、电源等部位，要有良好的通风设备。三乙基铝、铝铁熔剂严禁配装在甲板上，铁桶包装的自燃物品（黄磷除外）与铁器部位及每层之间应用木板等衬垫牢固，防止摩擦、移动。

(3) 遇湿易燃物品的储存

① 此类物品严禁露天存放。库房必须干燥。严防漏水或雨雪浸入。注意下水道畅通，暴雨或潮汛期间必须保证不进水。

② 库房必须远离火种、热源。附近不得存放盐酸、硝酸等散发酸雾的物品。

③ 包装必须严密。不得破损，如有破损，应立即采取措施。钾、钠等活泼金属绝对不允许露置空气中，必须浸没在煤油中保存，容器不得渗漏。

④ 不得与其他类危险化学品，特别是酸类、氧化剂、含水物质、潮解性物质混储混运。亦不得与消防方法相抵触的物品同库存放，同车、同船运输。

⑤ 装卸搬运时应轻装轻卸，不得翻滚、撞击、摩擦、倾倒。雨雪天如无防雨设备不准作业。运输用车、船必须干燥，并有良好的防雨设施。

⑥ 电石桶入库时，要检查容器是否完好，对未充氮的铁桶应放气，发现发热或温度较高则更应放气。

⑦ 此类物品灭火时严禁用酸碱、泡沫灭火剂。活泼金属的火灾不得用二氧化碳灭火。

5.5.6 氧化剂和有机过氧化物的储存

① 氧化剂应储存于清洁、阴凉、通风、干燥的库房内，远离火种、热源、防止日光暴晒，照明设备要防爆。

② 仓库不得漏水，并应防止酸雾侵入。严禁与酸类、易燃物、有机物、还原剂、自燃物品、遇湿易燃物品等混合储存。

③ 不同品种的氧化剂，应根据其性质及消防方法的不同，选择适当的库房分类存放

以及分类运输。如有机过氧化物不得与无机氧化剂共储混运，亚硝酸盐类、亚氯酸盐类、次亚氯酸盐类均不得与其他氧化剂混储混运，过氧化物则应专库存放，专车运输。

④ 储运过程中，装卸和搬运应轻拿轻放，不得摔掷、滚动，力求避免摩擦、撞击，防止引起爆炸。对氯酸盐、有机过氧化物等更应特别注意。

⑤ 运输时应单独装运，不得与酸类、易燃物品、自燃物品、遇湿易燃物品、有机物、还原剂等同车混装。

⑥ 仓库储存前后及运输车辆装卸前后，均应彻底清扫、清洗。严防混入有机物、易燃物等杂质。

5.6 危险化学品的泄漏处理

危险化学品的泄漏，容易发生中毒或转化为火灾爆炸事故，因此泄漏处理要及时、得当，避免重大事故的发生。要成功地控制化学品的泄漏，必须事先进行计划，并且对化学品的化学性质和反应特性有充分的了解。泄漏事故控制一般分为泄漏源控制和泄漏物处置两部分。

进入泄漏现场进行处理时，应注意以下几项：进入现场的人员必须配备必要的个人防护器具；如果泄漏化学品是易燃易爆的，应严禁火种；扑灭任何明火及任何其他形式的热源和火源，以降低发生火灾爆炸的危险性；应急处理时严禁单独行动，要有监护人，必要时用水枪、水炮掩护；应从上风、上坡处接近现场，严禁盲目进入。

5.6.1 泄漏源的控制

容器发生泄漏后，应采取措施修补和堵塞裂口，制止化学品的进一步泄漏，其措施包括关闭阀门、停止作业、启动事故应急放置池（罐）或改变工艺流程、物料走副线、局部停车、打循环、减负荷运行等。

泄漏被控制后，要及时将现场泄漏物进行覆盖、收容、稀释、处理，使泄漏物得到安全可靠的处置，防止二次事故的发生。具体可采用以下方法。

① 稀释与覆盖　向有害物蒸气云喷射雾状水，加速气体向高空扩散。对于可燃物，也可以在现场施放大量水蒸气或氮气，破坏燃烧条件。对于液体泄漏，为降低物料向大气中的蒸发速度，可用泡沫或其他覆盖物品覆盖外泄的物料，在其表面形成覆盖层，抑制其蒸发。

② 收容（集）　对于大型泄漏，可选择用隔膜泵将泄漏出的物料抽入容器或槽车内，当泄漏量小时，可用沙子、吸附材料、中和材料等吸收中和。

③ 围堤堵截　修筑围堤是控制陆地上的液体泄漏物最常用的收容方法。常用的围堤有环形、直线形、V 形等。通常根据泄漏物流动情况修筑围堤拦截泄漏物。如果泄漏发生在平地上，则在泄漏点的周围修筑环形堤。如果泄漏发生在斜坡上，则在泄漏物流动的下方修筑 V 形堤。

④ 挖掘沟槽收容泄漏物　挖掘沟槽也是控制陆地上液体泄漏物的常用收容方法。通常根据泄漏物的流动情况挖掘沟槽收容泄漏物。如果泄漏物沿一个方向流动，则在其流动的下方挖掘沟槽。如果泄漏物是四散而流，则在泄漏点周围挖掘环形沟槽。

修围堤堵截和挖掘沟槽收容泄漏物的关键除了它们本身的特性外，就是确定围堤堵截和挖掘沟槽的地点。这个地点既要离泄漏点足够远，保证有足够的时间在泄漏物到达前修挖好，又要避免离泄漏点太远，使污染区域扩大，带来更大的损失。如果泄漏物是易燃物，操作时要特别小心，避免发生火灾。

⑤ 废弃　将收集的泄漏物运至废物处理场所处置。用消防水冲洗剩下的少量物料，冲洗水排入污水系统处理或收集后委托有条件的单位处理。

5.6.2　泄漏物的处理

在泄漏源得到控制后，我们需要对泄漏的危险化学品进行处理，具体包括以下几种常见的泄漏物处理方法。

(1) 固化法处理

通过加入能与泄漏物发生化学反应的固化剂或稳定剂使泄漏物转化成稳定形式，以便于处理、运输和处置。有的泄漏物变成稳定形式后，由原来的有害变成了无害，可原地堆放不需进一步处理，有的泄漏物变成稳定形式后仍然有害，必须运至废物处理场所进一步处理或在专用废弃场所掩埋。常用的固化剂有水泥、凝胶、石灰。

① 水泥固化　通常使用普通硅酸盐水泥固化泄漏物。对于含高浓度重金属的场合，使用水泥固化非常有效。许多化合物会干扰固化过程，如锰、锡、铜和铅等的可溶性盐类会延长凝固时间，并大大降低其物理强度，特别是高浓度硫酸盐对水泥有不利的影响，有高浓度硫酸盐存在的场合一般使用低铝水泥。酸性泄漏物固化前应先中和，避免浪费更多的水泥。相对不溶的金属氢氧化物，固化前必须防止溶性金属从固体产物中析出。

② 凝胶固化　凝胶是由亲液溶胶和某些憎液溶胶通过胶凝作用而形成的冻状物，没有流动性。可以使泄漏物形成固体凝胶体。形成的凝胶体仍是有害物，需进一步处置。选择凝胶时，最重要的问题是凝胶必须与泄漏物相容。

③ 石灰固化　使用石灰作固化剂时，加入石灰的同时需加入适量的细粒硬凝性材料，如粉煤灰、研碎了的高炉炉渣或水泥窑灰等。

(2) 吸附法处理

所有的陆地泄漏和某些有机物的水中泄漏都可用吸附法处理。吸附法处理泄漏物的关键是选择合适的吸附剂。常用的吸附剂有活性炭、天然有机吸附剂、天然无机吸附剂、合成吸附剂。

① 活性炭　活性炭是从水中除去不溶性漂浮物（有机物、某些无机物）最有效的吸附剂。活性炭有颗粒状和粉状两种形状。清除水中泄漏物用的是颗粒状活性炭。被吸附的泄漏物可以通过解吸再生回收使用，解吸后的活性炭可以重复使用。

② 天然有机吸附剂　天然有机吸附剂由天然产品如木纤维、玉米秆、稻草、木屑、树皮、花生皮等纤维素和橡胶组成，可以从水中除去油类和与油相似的有机物。

天然有机吸附剂的使用受环境条件如刮风、降雨、降雪、水流流速、波浪等的影响，在此条件下，不能使用粒状吸附剂。粒状吸附剂只能用来处理陆上泄漏和相对无干扰的水中不溶性漂浮物。

③ 天然无机吸附剂　天然无机吸附剂有矿物吸附剂（如珍珠岩）和黏土类吸附剂（如沸石）。矿物吸附剂可用来吸附各种类型的烃、酸及其衍生物、醇、醛、酮、酯和硝基化合物，黏土类吸附剂只适用于陆地泄漏物，对于水体泄漏物，只能清除酚。

④ 合成吸附剂　合成吸附剂能有效地清除陆地泄漏物和水体的不溶性漂浮物。对于

有极性且在水中能溶解或能与水互溶的物质，不能使用合成吸附剂清除。常用的合成吸附剂有聚氨酯、聚丙烯和有大量网眼的树脂。

(3) 泡沫覆盖

使用泡沫覆盖阻止泄漏物的挥发，可降低泄漏物对大气的危害和燃烧的可能性。泡沫覆盖必须和其他的收容措施如围堤、沟槽等配合使用。通常泡沫覆盖只适用于陆地泄漏物。

选用的泡沫必须与泄漏物相容。实际应用时，要根据泄漏物的特性选择合适的泡沫。常用的普通泡沫只适用于无极性和基本上呈中性的物质，对于低沸点、与水发生反应，具有强腐蚀性、放射性或爆炸性的物质，只能使用专用泡沫，对于极性物质，只能使用属于硅酸盐类的抗醇泡沫，用纯柠檬果胶配制的果胶泡沫对许多有极性和无极性的化合物均有效。

对于所有类型的泡沫，使用时建议每隔 30～60min 再覆盖一次，以便有效地抑制泄漏物的挥发。在需要的情况下，这个过程可能一直持续到泄漏物处理完。

(4) 中和泄漏物

中和，即酸和碱的相互反应。反应产物是水和盐，有时是二氧化碳气体。现场应用中和法要求最终 pH 值控制在 6～9，反应期间必须监测 pH 值变化。只有酸性有害物和碱性有害物才能用中和法处理。对于泄入水体的酸、碱或泄入水体后能生成酸、碱的物质，也可考虑用中和法处理。对于陆地泄漏物，如果反应能控制，常用强酸、强碱中和，这样比较经济，对于水体泄漏物，建议使用弱酸、弱碱中和。

常用的弱酸有乙酸、磷酸二氢钠，有时可用气态二氧化碳。磷酸二氢钠几乎能用于所有的碱泄漏，当氨泄入水中时，可以用气态二氧化碳处理。

常用的碱溶液有碳酸氢钠水溶液、碳酸钠水溶液、氢氧化钠水溶液。这些物质也可用来中和泄漏的氯。有时也用石灰、固体碳酸钠、苏打灰中和酸性泄漏物。常用的固体弱碱有碳酸氢钠、碳酸钠和碳酸钙。碳酸氢钠是缓冲盐，即使过量，反应后的 pH 值也只有 8.3。碳酸钠溶于水后，碱性和氢氧化钠一样强，若过量，pH 值可达 11.4。碳酸钙与酸的反应速率虽然比钠盐慢，但因其不向环境引入任何毒性元素，反应后的最终 pH 值总是低于 9.4 而被广泛采用。

对于水体泄漏物，如果中和过程中可能产生金属离子，必须用沉淀剂清除。中和反应常常是剧烈的，由于放热和生成气体产生沸腾和飞溅，所以应急人员必须穿防酸碱工作服、戴防烟雾呼吸器。可以通过降低反应温度和稀释反应物来控制飞溅。

如果非常弱的酸和非常弱的碱泄入水体，pH 值能维持在 6～9，建议不使用中和法处理。

(5) 低温冷却

低温冷却是将冷冻剂散布于整个泄漏物的表面上，减少有害泄漏物的挥发。在许多情况下，冷冻剂不仅能降低有害泄漏物的蒸气压，而且能通过冷冻将泄漏物固定住。影响低温冷却效果的因素有：冷冻剂的挥发、泄漏物的物理特性及环境因素。

① 影响低温冷却效果的因素

a. 冷冻剂的挥发将直接影响冷却效果。喷撒出的冷冻剂不可避免地要向可能的扩散区域分散，并且速度很快。冷冻剂整体挥发速率的高低与冷却效果成正比。

b. 泄漏物的物理特性，如当时温度下泄漏物的黏度、蒸气压及挥发率，对冷却效果的影响与其他影响因素相比很小，通常可以忽略不计。

c. 环境因素如雨、风、洪水等将干扰、破坏形成的惰性气体膜，严重影响冷却效果。

② 常用的冷冻剂　常用的冷冻剂有二氧化碳、液氮和湿冰。选用何种冷冻剂取决于冷冻剂对泄漏物的冷却效果和环境因素。应用低温冷却时必须考虑冷冻剂对随后采取的处理措施的影响。

a. 二氧化碳。二氧化碳冷冻剂有液态和固态两种形式。液态二氧化碳通常装于钢瓶中或装于带冷冻系统的大槽罐中，冷冻系统用来将槽罐内蒸发的二氧化碳再液化。固态二氧化碳又称干冰，是块状固体，因为不能储存于密闭容器中，所以在运输中损耗很大。

液态二氧化碳应用时，先使用膨胀喷嘴将其转化为固态二氧化碳，再用雪片鼓风机将固态二氧化碳播撒至泄漏物表面。干冰应用时，先进行破碎，然后用雪片播撒器将破碎好的干冰播撒至泄漏物表面。播撒设备必须选用能耐低温的特殊材质。

液态二氧化碳与液氮相比，因为二氧化碳槽罐装备了气体循环冷冻系统，所以是无损耗储存；二氧化碳罐是单层壁罐，液氮罐是中间带真空绝缘夹套的双层壁罐，这使得二氧化碳罐的制造成本低，在运输中抗外力性能更优；二氧化碳更易播撒；二氧化碳虽然无毒但是大量使用，可使大气中缺氧，从而对人产生危害，随着二氧化碳浓度的增大，危害就逐步加大。二氧化碳溶于水后，水中 pH 值降低，会对水中生物产生危害。

b. 液氮。液氮温度比干冰低得多，几乎所有的易挥发性有害物（氢除外）在液氮温度下皆能被冷冻，且蒸气压降至无害水平。液氮也不像二氧化碳那样，对水中生物产生危害。

要将液氮有效地利用起来是很困难的。若用喷嘴喷射，则液氮一离开喷嘴就全部挥发为气态。若将液氮直接倾倒在泄漏物表面上，则局部形成冰面，冰面上的液氮立即沸腾挥发，冷冻力的损耗很大，因此，液氮的冷冻效果大大低于二氧化碳，尤其是固态二氧化碳。液氮在使用过程中产生的沸腾挥发，有导致爆炸的潜在危害。

c. 湿冰。在某些有害物的泄漏处理中，湿冰也可用作冷冻剂。湿冰的主要优点是成本低、易于制备、易播撒。主要缺点是湿冰不是挥发而是溶化成水，从而增加了需要处理的污染物的量。

参考文献

[1] 广东省安全生产技术中心．危险化学品从业单位安全生产培训教材［M］．广州：华南理工大学出版社，2015.

[2] 周长江．危险化学品安全技术管理［M］．北京：中国石化出版社，2004.

扫码在线练习
掌握安全知识

第6章

实验室生物安全基础

尽管实验室生物安全技术在不断提高，仪器设备在不断更新，管理体制在不断完善，但是，实验室感染事件仍时有发生，因此提高实验室生物安全常识，加强实验室生物安全管理、生物性污染的防范以及制定完善生物安全事故应急措施非常必要。2002 年年底到 2003 年上半年发生的严重急性呼吸综合征（SARS），以及 2003 年年底到 2004 年上半年相继在新加坡、中国台湾和北京所发生的实验室感染事件，不仅给我们敲响了警钟，也使世界各国政府和人民更重视、更关注生物安全实验室的建设与管理以及实验室生物安全问题。近年来我国和世界各地发生了多起影响较大的传染病疫情，如人高致病性禽流感、猪瘟和手足口病等。因此，本章将系统介绍实验室生物安全概述、防护、废物处置和应急管理等内容。

6.1 实验室生物安全的定义及基本概念

实验室生物安全强调的是微生物操作技术规范的应用，适当的防护设备，正确的实验室设计、操作和维护以及如何通过行政管理来尽可能降低工作人员受伤或患病的风险。在执行这些策略时，对环境以及周围较大范围社区所造成的危险也可降到最低。良好的生物安全实践是实验室生物安全保障的基础。

国家对实验室生物安全也非常重视，颁发了《病原微生物实验室生物安全管理条例》（中华人民共和国国务院令第 424 号）、《病原微生物实验室生物安全环境管理办法》（国家环境保护总局令第 32 号）、《实验室生物安全通用要求》（GB 19489）等一系列文件和技术标准，并进行多次修订，为企业及相关单位的实验室生物安全管理体系建设打下了坚实的基础，也是相关部门实施监督管理的重要依据。

6.1.1 实验室生物安全的定义

实验室生物安全：实验室的生物安全条件和状态不低于容许水平，可避免实验室人员、来访人员、社区及环境受到不可接受的损害，符合相关法规、标准等对实验室生物安全责任的要求。

生物危害和生物危险：生物危害是由生物因子形成的伤害；生物危险是生物因子将要

或可能形成的危害，是伤害概率和严重性的综合。

6.1.2 生物安全基本概念

① 生物气溶胶：气溶胶是指悬浮于气体介质中粒径一般为0.001～100μm的固态或液态微小粒子形成的相对稳定的分散体系。生物气溶胶指在分散相中含有生物因子的气溶胶。

② 生物因子：一切微生物和生物活性物质。

③ 病原体：可使人、动物或植物致病的生物因子。包括能够引发人和动物、植物传染病的生物因子，主要指致病微生物。根据国务院发布的《病原微生物实验室生物安全管理条例》，将病原微生物按危害程度分为四类。

a. 一类病原微生物：高个体危害，高群体危害。临床表现为起病迅速，病程短，病情严重，病死率高，通常导致个体死亡，或者痊愈之后有严重的后遗症。这类疾病可能传播的途径多，传播速度快，动物与人之间的传播或者人与人之间的传播十分普遍，人群普遍易感。这类病原体的实验室操作应该在BSL-3级或者以上级别的实验室进行。

b. 二类病原微生物：高个体危害，低群体危害。临床表现为起病迅速，病程短，病情严重，病死率高，通常导致个体死亡，或者痊愈之后有严重的后遗症。这类疾病传播速度比第一类要慢，动物与人之间的传播比较普遍，也存在人与人之间的传播，人群普遍易感。但是流行的范围没有第一类广泛，病死率可能比第一类要低。这类病原体的实验室操作应该在BSL-3级实验室进行。

c. 三类病原微生物：中等个体危害，有限群体危害。临床表现为起病较快或者潜伏期比较长，起病之后病情不严重，病死率低，一般不导致个体死亡。这类疾病可能传播的途径多，传播速度慢，存在人与人之间的传播，仅仅在局部流行，有药物可以使用。这类病原体的实验室操作应该在BSL-2级实验室进行。

d. 四类病原微生物：低个体危害，低群体危害。一般情况下，这类病原体不会引起个体和群体的感染，个体感染后可能出现临床症状，也可能出现隐性感染没有任何临床症状。起病后症状较轻，有治疗的药物使用，经过治疗后可以痊愈，一般不会留下后遗症。这类疾病可能传播的途径有限，人群普遍具有抵抗力。这类病原体的实验室操作在BSL-1级实验室进行。

病原微生物分类见表6.1。

表6.1 病原微生物分类

国际分级	中国分类	个体感染危险性	个体病症	社会传播危险性
一级	四类	无、很低	很轻	很低
二级	三类	中	中	低
三级	二类	高	重	中
四级	一类	很高	很重	高

④ 危险废弃物：有潜在生物危险、可燃、易燃、腐蚀、有毒、放射和起破坏作用的，对人、环境有害的一切废弃物。

⑤ 危害：伤害发生的概率及其严重性的综合。有时也称为风险、危险度等。

⑥ 生物安全：避免危险生物因子造成实验室人员暴露、向实验室外扩散并导致危害的综合措施。

⑦ 一级防护屏障：实验室的生物安全柜和个人防护装备等构成的防护屏障，用以减少或消除危害性生物因子的暴露。

⑧ 二级防护屏障：实验室的设施结构和通风系统等构成的防护屏障，除了能保护实验室人员，还能保护周围社区的人或动物免受生物因子意外扩散所造成的感染。

⑨ 高效空气过滤器：通常以滤除≥0.3μm微粒为目的，滤除效率符合相关要求的过滤器。

⑩ 安全罩：置于实验室工作台或仪器设备上的负压排风罩，以减少实验室工作者的暴露危险。

⑪ 生物安全柜：具备气流控制及高效空气过滤装置的操作柜，可有效降低实验过程中产生的有害气溶胶对操作者和环境的危害。主要分为Ⅰ级、Ⅱ级、Ⅲ级生物安全柜。

⑫ 个人防护装备：用于防止人员受到化学和生物等有害因子伤害的器材和用品，包括实验服、隔离衣（反背衣）、连体衣等防护服，以及鞋、鞋套、围裙、手套、面罩或防毒面具、护目镜或安全眼镜、安全帽等。

⑬ 实验室分区：按照生物因子污染概率的大小，实验室可进行合理的分区。其中主实验室是污染风险最高的房间，通常是指生物安全柜或动物隔离器等所在的房间；污染区是指被致病因子污染风险最高的区域；清洁区是指正常情况下没有被致病因子污染风险的区域；半污染区是指具有被致病因子轻微污染风险的区域，是污染区和清洁区之间的过渡区。

⑭ 缓冲间：设置在清洁区、半污染区和污染区相邻两区之间的缓冲密闭室，具有通风系统，其两个门具有互锁功能。

⑮ 气锁：气压可调节的气密室，用于连接气压不同的两个相邻区域，其两个门具有互锁功能。在实验室中用作特殊通道。

⑯ 定向气流：在气压低于外环境大气压的实验室中，从污染概率小且相对压力高处向污染概率高且相对压力低处流动的气流。

⑰ 灭菌：破坏或去除所有微生物（不论是病原微生物或是其他微生物）及其孢子的过程。

⑱ 消毒：杀死病原微生物的物理或化学过程，但不一定杀死其孢子。

⑲ 清除污染：去除和/或杀死微生物的任何过程。该词也用于指去除或中和有危害的化学品和放射性物质。

⑳ 材料安全数据单：提供详细的危险和注意事项信息的技术通报。

6.1.3 生物安全实验室

生物安全实验室需通过规范的实验室设计建造、实验室设备的配置、个人防护装备的使用，通过严格遵从标准化的工作操作程序和管理规程等综合措施，确保操作生物危险因子的工作人员不受实验对象的伤害，确保周围环境不受其污染的实验室。生物安全实验室根据其不同的防护能力可分为四级，即一级至四级（表6.2）。

① 生物安全防护水平为一级的实验室适用于操作在通常情况下不会引起人类或者动

物疾病的微生物。

② 生物安全防护水平为二级的实验室适用于操作能够引起人类或者动物疾病，但一般情况下对人、动物或者环境不构成严重危害，传播风险有限，实验室感染后很少引起严重疾病，并且具备有效治疗和预防措施的微生物。

③ 生物安全防护水平为三级的实验室适用于操作能够引起人类或者动物严重疾病，比较容易直接或间接在人与人、动物与人、动物与动物间传播的微生物。

④ 生物安全防护水平为四级的实验室适用于操作能够引起人类或者动物非常严重疾病的微生物，以及我国尚未发现或已经宣布消灭的微生物。

■ 表 6.2 实验室生物安全防护水平

实验室生物安全防护水平	动物实验室生物安全防护水平	生物危害性	实验室防护能力
BSL-1	ABSL-1	无、很低	无、很低
BSL-2	ABSL-2	中	有
BSL-3	ABSL-3	高	较高
BSL-4	ABSL-4	很高	高

6.2 生物安全实验室防护

生物安全实验室的防护设备种类众多，包括生物安全柜、动物隔离设备、动物解剖台、实验动物换笼工作台及垫料处置柜、高效空气过滤装置、气密门、消毒设备、正压防护服、生命支持系统、化学淋浴消毒装置、压力蒸汽灭菌器、生物废水处理系统、动物残体处理系统、生物防护口罩、医用防护服、正压防毒面具、口罩密合度测定仪、传递窗、生物型密闭阀等（表 6.3）。目前部分关键防护设备国内外已有相关标准、规范，如生物安全柜、动物隔离器等，但也有部分关键防护设备缺少国际标准或国家标准，如生命支持系统、动物残体处理设备等。

■ 表 6.3 高等级生物安全实验室关键设施设备

设备类别	设备名称	主要分类/特点
实验室初级防护设备	Ⅱ级生物安全柜	A1、A2、B1、B2 四个型别
	Ⅲ级生物安全柜	完全封闭，彻底不泄漏的通风安全柜，通过连着的橡胶手套来完成安全柜内的操作
	动物负压解剖台	
	换笼工作台	
	动物垫料处置柜	
	动物隔离器	按气密性，可分为非气密式动物隔离器、气密式动物隔离器；按适用动物类型，可分为禽隔离器、兔隔离器、雪貂隔离器、非灵长类隔离器等

续表

设备类别	设备名称	主要分类/特点
消毒灭菌与废物处理设备	压力蒸汽灭菌器	立式压力蒸汽灭菌器、双扉压力蒸汽灭菌器
	废水处理系统	化学灭活系统、序批式活毒废水处理系统、连续式活毒废水处理系统
	消毒装置	使用甲醛气体、汽化过氧化氢、雾化过氧化氢、气体二氧化氯等熏蒸
	动物残体处理系统	高温碱水解处理系统、炼制处理系统
实验室围护结构密封/气密防护装置	气密门	充气式、机械压紧式
	气密传递窗	气密、双门、液槽
	气（汽）体消毒物料传递舱	管、线穿墙密封设备
实验室通风空调系统设备	高效空气过滤装置	箱式、风口式
	生物型密闭阀	

为了达到保障实验室工作人员、实验设施外的人群和环境安全的目的，高等级生物安全实验室主要通过一级防护装备（安全设备和个人防护装备）和二级防护屏障（设施）的保护予以实现。一级防护装备主要实现操作者和被操作对象之间的隔离，发挥主要屏障作用，保护实验人员。二级防护屏障是一级防护装备的外围设施，能够在一级防护装备失效或其局部出现意外时，确保操作者免受操作病原的感染并防止病原泄漏到环境中，实现实验室与外部环境之间的隔离。二级防护屏障涵盖的范围广泛，主要的特殊设计包括：利用缓冲间将实验室防护区、辅助工作区、公共通道等空间隔离开，确保实验室持续保证定向气流和负压梯度，使用房间排风过滤系统、污水处理系统及高压灭菌处理系统等，确保实验室废气（汽）、废水、固体废弃物安全排放，确保电气和自动化消防报警控制装置等安全运行。

6.2.1 生物安全柜

生物安全柜可保护工作人员、实验室环境和实验室材料免受在处理传染性实验材料（如原始培养物、细菌菌株和诊断标本）时可能产生的传染性气溶胶和溢出物的影响。操作液体或半流体过程中的摇动、倾注、搅拌，或将液体滴加到固体表面上或另一种液体中时，对感染性液体进行一系列相关实验操作以及进行动物实验操作时，都可能产生感染性气溶胶。由于肉眼无法看到直径小于5μm的气溶胶和直径为5～100μm的微小液滴，人们通常意识不到有这样大小的颗粒在空气中存在，它们可能被人体无意识地吸入或交叉污染工作台面上的其他材料。大量实验数据表明正确使用生物安全柜可以有效减少无保护措施接触气溶胶所造成的实验室感染以及培养物交叉污染。同时，生物安全柜也能保护环境。

多年来，生物安全柜的基本设计经历了多次改进。最重要的变化是在排气系统中增加了高效空气过滤器（HEPA）。HEPA可捕获99.97%直径为0.3μm的微粒和99.99%大于或小于 0.3μm 的微粒，由于其特性，它们可以有效过滤掉所有已知的传染性病原体，并确保从柜子里出来的空气中完全没有微生物。生物安全柜设计的第二项改进是向台面输送经过 HEPA 过滤的空气，以保护台面上的物体免受污染。这一功能通常被称为实验对象保护。这些基本设计上的变化改进了所有三级生物安全柜。

6.2.2 个人防护设备

个体防护装备和防护服是减少操作人员暴露于气溶胶、喷溅物以及意外接触等危险的一个屏障。可根据所进行工作的性质来选择着装和装备。在实验室中工作时，必须穿着防护服。在离开实验室前，要脱下防护服并洗手。生物实验室个人防护设备包括护目镜、手套和实验服装等。任何生物实验室使用过的个人防护设备未经过杀毒灭菌不得带离实验室区域。

(1) 护目镜和面罩

要根据所进行的操作来选择合适的设备，避免因实验室用具溅出的液体对眼睛和脸部造成伤害。应选择带有可弯曲的特殊镜框的折射型或平框护目镜，或者镜片由防碎材料制成，带有从镜框前端安装的侧护板（安全眼镜）。安全眼镜，即使有侧护板，也不能提供足够的防喷水保护。护目镜应戴在普通矫正眼镜外面，以保护眼睛免受喷雾和冲击的伤害。面罩由防碎塑料制成，其形状可紧贴面部，戴在头上或帽子上。在执行高度危险的任务时（如清理溢出的传染性材料），可以使用防毒面具进行保护。应根据危险类型选择防毒面具。防毒面具含有可更换的过滤器，可保护佩戴者免受气体、蒸气、微粒和微生物的伤害。过滤器必须与正确类型的防毒面具相匹配。为获得理想的保护，每个防毒面具都应佩戴在个人脸上并进行测试。带有集成供气系统的全套防毒面具可提供全面保护。

(2) 手套

在进行实验室工作时，手可能会受到污染，也可能会被尖锐物体刺伤。在执行一般实验室任务以及处理传染性材料、血液和体液时，应使用一次性乳胶手套、乙烯基或聚腈手套。也可使用可重复使用的手套，但应注意正确冲洗、取下、清洁和消毒。处理传染性材料后、在生物安全柜中完成工作后以及离开实验室前，应脱下手套并彻底洗手。用过的一次性手套应与实验室的感染性废物一起处理。在解剖和其他可能接触锋利器械的情况下，应佩戴不锈钢网手套。不过，这种手套只能防止割伤，不能防止针刺伤。

(3) 实验服装

实验服应能完全束紧。长袖和背部开口的隔离衣和连体服比实验服能提供更好的保护，因此更适合在微生物实验室和生物安全柜中工作。如果需要额外保护以防止血液或培养物等化学或生物材料溢出，则应在实验服或隔离衣外穿上围裙。衣物的洗涤和熨烫应在实验室设施内或附近进行。

6.3 生物实验室灭菌技术简介

灭菌是生物实验室的重要操作。实验中使用的培养基、试剂和实验器材等都需要进行灭菌处理，以保证实验环境中没有外界污染，从而确保实验结果的准确和可靠。生物实验中产生的废弃物包括已使用过的培养基、试剂、细胞、细菌培养物等，这些废弃物中可能含有具有生物危害性的微生物，如致病菌、病毒等，也需要经过适当的处理，其中包括灭菌，从而确保废弃物不再具有生物危害性。生物实验室的灭菌技术通常包括干热灭菌、湿热灭菌、射线杀菌和化学灭菌等方法。

（1）干热灭菌法

干热是指相对湿度在20%以下的高热。干热消毒灭菌由空气导热，传热效果较差。一般繁殖体在干热80～100℃中经1小时可以杀死，芽孢菌需160～170℃条件下经2小时方可灭杀。

燃烧法：是一种简单、迅速、彻底的灭菌方法，因对物品的破坏性大，故应用范围有限。

烧灼法：一些耐高温的器械（金属、搪瓷类），在急用或无条件用其他方法消毒时可采用此法。

电热培养箱：培养箱通电加热后的空气在一定空间不断对流，通过高温循环的热空气杀灭细菌。

（2）湿热灭菌法

煮沸法：将水煮沸至100℃，保持5～10分钟可杀灭繁殖体，保持1～3小时可杀灭芽孢菌。

高压蒸汽灭菌法：高压蒸汽灭菌装置严密，输入蒸汽不外逸，温度随蒸汽压力增高而升高。高压蒸汽灭菌法就是利用高压和高热释放的潜热进行灭菌，适用于耐高温、高压，不怕潮湿的物品，如敷料、手术器械、药品、细菌培养基等。

（3）射线杀菌法

紫外消毒：在无人条件下，可采取紫外线消毒。紫外线消毒时，无菌室内应保持清洁干燥。用紫外线消毒物品表面时，应使照射表面受到紫外线的直接照射，且应达到足够的照射剂量。人员在关闭紫外灯至少30min后方可入内作业。

微波消毒：微波是一种高频电磁波，其杀菌的作用原理，一为热效应，所及之处产生分子内部剧烈运动，使物体内外温度迅速升高；一为综合效应，诸如化学效应、电磁共振效应和场致力效应。

（4）化学灭菌法

多种化学品可以用作消毒剂。许多化学品在较高温度时杀菌效果更快也更好，但较高的温度也导致其挥发和降解。如果室温较高，化学杀菌剂的有效期可能会缩短，在使用和储存这些化学品时要特别注意。许多灭菌剂对人或环境有害，应当按生产商的说明小心地进行选择、储存、操作、使用和废弃。由于化学灭菌剂的危险特性，在稀释化学杀菌剂时应佩戴手套、围裙和防护眼镜。

氯（次氯酸钠）：氯属于快速作用的氧化剂，是一种可广泛应用的广谱化学杀菌剂。它一般以次氯酸钠溶液来作为漂白剂销售，使用时可以用水稀释成各种不同的有效氯浓度。

甲醛：在温度高于20℃时，甲醛是一种能够杀死所有微生物及其孢子的气体。但甲醛对朊蛋白没有杀灭活性。甲醛起效相对较慢，并需要相对湿度达70%左右。

戊二醛：对繁殖的细菌、孢子、真菌和含脂或不含脂的病毒具有活性。它不具有腐蚀性，比甲醛作用迅速，但也需要几个小时才能杀死细菌孢子。

酚类化合物：是一大类最早使用的杀菌剂。但是，最近出于安全考虑而限制了它的使用。它们对繁殖细菌和含脂病毒具有活性，适当配制后，对分枝杆菌也有活性。它们对孢子没有活性，对于非含脂病毒的活性则不确定。许多酚类产品可用于清除环境表面的污染，有些（如三氯生和氯二甲酚）是最常用的抗菌剂。

季铵盐类化合物：大多混合使用，也经常与醇类等其他杀菌剂联合使用。季铵盐类化合物对繁殖的细菌和含脂类病毒具有良好活性。某些季铵盐类（如苯扎氯铵）也用作防腐剂。

乙醇和异丙醇：具有相似的灭菌特性。它们对于繁殖的细菌、真菌和含脂病毒具有活性，但不能灭活孢子，而对非含脂病毒的作用则不确定。其水溶液最有效的使用浓度约为70%（V/V）；更高或更低的浓度均不适宜杀菌。醇类溶液的主要优点是处理后物品不会留下任何残留。

碘和碘伏：这类消毒剂的作用与氯类似，只是有机质对它们的抑制作用略弱。碘可以使纤维和环境表面着色，一般不适合作为消毒剂。但是，碘伏和碘酊是很好的抗菌剂。

过氧化氢和过氧乙酸：强氧化剂，是一种广谱杀菌剂，对人和环境它们较氯更为安全。

6.4 生物实验室废弃物处理

生物实验室废弃物应根据其特性进行适当处理，以符合国家或地方法规和标准的要求。生物实验室废弃物往往包括各种废弃实验器具和器皿、含有微生物的液体或固体废弃物、锐器和化学废弃物。需根据废弃物的性质和危险性按相关标准分类处理和处置。

实验器具和器皿：实验器具和器皿应首先进行清洗和消毒，然后选择合适的灭菌方法（如紫外灯照射、高压蒸汽灭菌、化学灭菌等）处理，确保彻底灭菌后进行废弃处理。

含微生物的液体废弃物：对于含有微生物的液体废物，应先进行灭菌处理（如化学灭菌等），然后根据实验室规定的程序进行处理，包括倒入生物废液收集容器、转移至废弃物暂存间存放和转运至有资质的回收公司处理等。

固体废弃物：如已使用过的培养基、细胞等固体废弃物，应收集在专用的容器中，并经过合适的灭菌处理或焚烧处理，以彻底消灭其中的微生物。

化学废弃物：如废弃的化学试剂、溶液等，也应按照实验室规定的程序进行分类收集和处理，如中和、稀释、专门废弃液罐存放，避免对环境和人体造成危害。

锐器：生物实验室常用的各种针头、小刀、碎玻璃和尖锐金属，如未经妥善处理易扎破皮肤导致微生物感染，国内外类似安全案例已有多起。锐器应弃置于专用耐扎的容器中。

生物实验室废弃物处理应遵循以下原则：

① 将操作、收集、运输、处理及处置废物的危险减至最小；

② 将其对环境的有害作用减至最小；

③ 只可使用被承认的技术和方法处理和处置危险废弃物；

④ 排放应符合国家标准或地方规定的要求。

总之，生物实验室废弃物宜在弃置前在实验室做好消毒灭菌，以免活性致病性生物因子风险源外泄。生物实验室废弃物应置于专门设计的、专用的和有标识的用于处置危险废弃物的容器内，装量不能超过建议的装载容量。在消毒灭菌或最终处置之前，应存放在指定的安全地方。处置时必须穿戴适当的个体防护装备。

6.5 生物实验室安全管理

生物实验室安全管理是单位和个人为防止病原体或毒素丢失、被窃、滥用、转移或有意释放而采取的安全措施。实验室生物安全保障措施应以对病原体和毒素负责任的综合方案为基础，其中应包括对病原体和毒素的储存位置、进出人员资料、使用记录、设施内及设施间进行内部或外部运送的记录文件以及对材料进行任何灭活和/或丢弃等情况的最新调查结果。同样地，应制订一个单位的实验室生物安全保障方案来鉴别、报告、调查并纠正实验室生物安全保障工作中的违规情况，包括调查结果中不符合规定的地方。应明确规定公共卫生和安全保障管理部门在发生违反安全保障事件时的介入程度、作用和责任。

在制订相应的政策和制度时，要注意以下几点：需要考虑如何促使所有有权接触这些敏感材料的工作人员，以及那些储存或制造这些敏感材料的单位，能够毫无顾虑地向实验室所在机构的生物安全委员会，或国家法规所指定的主管部门报告真实发生的或察觉到的安全保障漏洞；应鼓励工作人员报告安全保障事件，并从法律上保护他们，让他们有信心不必恐惧来自管理部门或其他人员的报复；要有各种不同的方法来筛选工作人员，以提高那些有权接触这些敏感病原体和毒素的工作人员的安全可靠性。

安全保障预防应该像无菌操作技术和其他微生物安全操作技术一样，成为实验室常规工作的一部分。实验室安全保障措施不应阻碍对参比材料、临床和流行病学标本以及临床或公共卫生调查中所需资料的有效共享。职能部门的安全保障管理不应过度干涉科研人员的日常活动，也不应干扰其研究工作。对重要的研究和临床材料的合法使用必须得到保护。评估人员的可靠性、进行专门的安全保障培训以及针对病原体制订严格的保护措施等都是促进实验室生物安全保障的有效方法。所有这些努力必须通过对危害和威胁的定期评估，以及对相关措施的定期检查及更新来加以维持。检查这些措施的执行情况，检查对有关规则、责任和纠正措施的解释是否清楚，这些都应该是实验室生物安全保障规划以及实验室生物安全保障国家标准必不可少的内容。

6.5.1 生物实验室的安全运行

生物实验室主要从事涉及危害性生物因子的科学研究以及检验检测，要确保具体工作中对操作人员、周围人员以及对社区、环境的安全，除了在设施建设中要严格执行国家、行业的有关法规、标准，在仪器、设备和个人防护装备方面有效地实现一级屏障的功能以外，在具体的实验室安全运行管理方面，也应明确具体任务、制订相应的规章制度和明确的管理体系，在实验室人员、项目、仪器设备、标准操作规程以及档案等各个环节严格按照规章制度来执行。

生物实验室的安全运行管理是由各单位的生物安全委员会具体负责的，生物安全委员会的组成中，除了各专业的技术人员以外，还应包括安全运行管理人员。具体可以落实到由实验室主管协同各管理部门领导实验室成员完成具体的实验室安全运行及管理工作。

(1) 生物实验室的监督

县级以上地方人民政府卫生主管部门、兽医主管部门依照各自分工，履行下列职责：对病原微生物菌（毒）种、样本的采集、运输、储存进行监督检查；对从事高致病性病原微生物相关实验活动的实验室是否符合《病原微生物实验室生物安全管理条例》规定的条件进行监督检查；对实验室或者实验室的设立单位培训、考核其工作人员以及上岗人员的情况进行监督检查；对实验室是否按照有关国家标准、技术规范和操作规程从事病原微生物相关实验活动进行监督检查；县级以上地方人民政府卫生主管部门、兽医主管部门，应当主要通过检查反映实验室执行国家有关法律、行政法规以及国家标准和要求的记录、档案、报告，切实履行监督管理职责。

县级以上人民政府卫生主管部门、兽医主管部门、环境保护主管部门在履行监督检查职责时，有权进入被检查单位和病原微生物泄漏或者扩散现场调查取证、采集样品，查阅、复制有关资料。需要进入从事高致病性病原微生物相关实验活动的实验室调查取证、采集样品的，应当指定或者委托专业机构实施。被检查单位应当予以配合，不得拒绝、阻挠。

国务院认证认可监督管理部门依照《中华人民共和国认证认可条例》的规定对实验室认可活动进行监督检查。

卫生主管部门、兽医主管部门、环境保护主管部门应当依据法定的职权和程序履行职责，做到公正、公平、公开、文明、高效。执法人员执行职务时，应当有两名以上执法人员参加，出示执法证件，并依照规定填写执法文书。现场检查笔录、采样记录等文书经核对无误后，应当由执法人员和被检查人、被采样人签名。被检查人、被采样人拒绝签名的，执法人员应当在自己签名后注明情况。

卫生主管部门、兽医主管部门、环境保护主管部门及其执法人员执行职务，应当自觉接受社会和公民的监督。公民、法人和其他组织有权向上级人民政府及其卫生主管部门、兽医主管部门、环境保护主管部门举报地方人民政府及其有关主管部门不依照规定履行职责的情况。接到举报的有关人民政府或者其卫生主管部门、兽医主管部门、环境保护主管部门，应当及时调查处理。

上级人民政府卫生主管部门、兽医主管部门、环境保护主管部门发现属于下级人民政府卫生主管部门、兽医主管部门、环境保护主管部门职责范围内需要处理的事项的，应当及时告知该部门处理；下级人民政府卫生主管部门、兽医主管部门、环境保护主管部门不及时处理或者不积极履行本部门职责的，上级人民政府卫生主管部门、兽医主管部门、环境保护主管部门应当责令其限期改正；逾期不改正的，上级人民政府卫生主管部门、兽医主管部门、环境保护主管部门有权直接予以处理。

（2）生物实验室的人员管理

① 实验室人员职责　单位负责人是对实验室员工和实验室来访者的安全负责的最终责任人。指定实验室人员的分工，形成记录，由有关负责人保管。职员教育、培训及业务经历记录原件由各部门保管，复印件由单位负责人保管。实验室应指定一名有适当资质和经验的实验室安全负责人，以协助负责安全事宜。

指定项目负责人。研究项目开始前，从具有相应资格者中指定项目负责人，如更换项目负责人时应有书面记录并保管。还应指定具体研究项目的质量保证负责人。在研究项目开始前，应指定具体研究项目的质量保证负责人。任命资料保管负责人及样品保管负责人。确认主计划表。确认由各部门负责人及项目负责人对每个研究项目所制订的研究计划书。确认、批准标准操作规程（SOP）。审核质量保证部门提出的问题及建议。审核试验结果。对职员、资金、设施、仪器和材料等，在试验当中进行安排、调配、使用、调度和监督。

安全负责人的职责是制定、维护和监督有效的实验室安全计划。一个有效的实验室安全计划应包括教育、定位及培训、审核及评估、促进实验室安全行为的程序。监督并阻止不安全的活动。如设有安全委员会，实验室安全负责人如果不是该委员会的主任，至少应是该委员会中有职权的成员。安全负责人需参与制订相关规定和程序，确保实验室设施、设备、个人防护设备、材料等符合国家有关安全要求，定期检查、维护、更新，确保不降低其设计性能。

项目负责人的职责为保管研究任务通知单；在制订研究计划书之前，指定研究项目的主要研究者并指定各个具体研究负责人；制订研究计划书；确认所有原始数据是否正确(包括预想不到的动物反应)；试验中若遇到预想不到的情况并且对试验产生影响，将所采取的措施写成书面材料，并将复印件送交单位负责人和质量保证部门；对质量保证部门提出的问题及建议，要记录并采取正确的解决措施；当发现没有按照研究计划书进行试验时，要向单位负责人和质量保证负责人报告，得到认可后，记录内容并作为原始记录；负责制作包括最终报告在内的有关研究文件；项目负责人还应该将研究计划书、原始数据、记录文件、最终报告等研究文件及研究标本等在研究项目的中期或结束时交给资料、标本保管负责人保存。

质量保证负责人的职责主要为制订所有研究项目的主计划表；确认各部门的研究计划书并保管；确认上述研究项目实施计划书的变更、补充和修正；对研究各阶段进行定期检查，并记录内容和结果，对检查结果、问题及改善措施写成书面材料，并做出下次检查计划，签名后保存；对检查过程中发现的问题提出改进建议，及时向单位负责人或项目负责人报告；对研究项目写出现状检查报告书，定期提交单位负责人或项目负责人，提出存在的问题和解决的办法；确认研究中是否有背离研究计划书的情况，确认这种情况是否记录下来并得到有关人员的认可；检查最终报告，确认报告是否准确地反映了研究方法，确认报告结果是否正确地反映了原始数据；制作、签署研究质量证明书，其内容包括对研究项目的检查日期、结果和报告给单位负责人和项目负责人的日期。此证明书必须作为最终报告的组成部分；保管有关质量保证部门的责任范围、业务程序及记录索引等文件。质量保证部门保管的所有文件，应在指定的场所保存。

实验人员应保证遵守实验室安全管理的相关规定，保证所负责研究项目按照要求进行。在项目负责人的授权范围内，完成项目负责人指定的研究工作。及时向相关负责人报告仪器、设备、物品的异常情况。在项目负责人许可后，可起草研究报告。

动物管理人员负责引入动物的质量把关，保证实验动物的质量符合研究项目的要求；负责实验动物的检疫，提交动物检疫报告；负责实验动物的日常管理；负责动物室的日常卫生；负责实验动物的尸体处理；关注动物饲育人员的健康情况，发现身体异常情况，及时采取措施，避免人畜共患疾病的发生。

资料保管人员负责原始记录、研究报告和技术文件的立卷归档，并负责管理和借阅等事项；负责按档案管理 SOP 的要求，对各类资料进行分类登记、造册并及时立卷归档；还应负责有关政府公文、技术文件的立卷归档和管理。

② 实验室人员档案制度　所有在职员工都要建立个人技术档案。档案内容应包括下列项目：性别、出生年月日；居民身份证或其他有效证件复印件；大学以上学校毕业证复印件；学位证书复印件；国内外培训记录及证件；各种业务考试成绩和外语考试成绩；上

岗资格证明；年度考核结果；其他必要资料。

职员技术档案由资料保管人员统一保管，保存地点为资料保管室。职员退休或离职后这些资料仍要妥善保管。如需查阅这些资料，需得到单位负责人和资料保管负责人的批准。并且要有查阅记录。

③ 实验室人员培训上岗制度　实验室人员上岗前都必须经过相应的培训。安全培训包括各种试验中可能发生的危险情况的避免方法和一旦发生后的紧急处理办法，保证员工的生命安全和研究设施的安全。

技术培训是提高研究质量和水平的必要措施。研究单位要创造条件为员工提供必要的培训。每个技术岗位上的技术人员，都必须经过相应的培训，取得相应的专业经验，并要通过相应的考试。考试合格者填写技术资格证书，然后才能上岗工作。考试试卷及成绩存入个人技术档案。

员工参加的各种培训都要形成培训记录，作为档案永久保存。培训中获得的各种资料为实验室所在单位的公有财产，除了参加者本人可以使用外，其他有关研究人员拥有同样的使用权。不同岗位有不同的技术要求，随着研究经验的增加和能力的增强，同一研究人员可获得多个技术岗位资格。对各种岗位资格要定期重新认定，动态管理。不被重新认定者，自动失去相应资格。

应定期进行业务考核，对技术人员的工作能力和效果，应进行日常评估。由质量保证负责人通过日常试验检查、报告检查以及专门的考核结果，形成最终结论记入个人技术档案，并决定其上岗资格。

④ 实验室人员健康制度　所有人员应有文件证明其对工作及实验室全部设施中潜在的风险受过培训。全体职员应定期进行健康检查，检查结果作为存档资料由资料保管负责人保管。对于新进员工，也要及时建立健康记录。

凡高度疲劳者、怀孕及哺乳期妇女、手或身体其他可能暴露部位有伤口或皮肤病者等不适合进行高危险性生物因子实验的人员，免疫耐受和正在接受免疫抑制剂的人员，均不得从事高危微生物室以上的工作。

应根据文件化的实验室危害评估和地方公共卫生部门的建议制订具体的实验室免疫计划。所有人员在开始工作前要留取血清样品，应根据可能接触的生物因子接受免疫以预防感染。应按有关规定保存免疫记录。

实验室人员患病时应及时报告相关负责人，负责人要详细了解疾病症状，尤其是发烧、皮疹、腹泻等传染性疾病，必要时参考医生诊断书，并根据病情做出该人员是否可以继续工作的判断。应填写《实验室人员疾病管理记录表》，注明姓名、疾病症状、可能原因、治疗情况等资料，存档保管。

若操作者或其所在实验室的工作人员出现与被操作病原微生物导致疾病类似的症状，则应被视为可能发生实验室感染，应及时到指定医院就诊，并如实主诉工作性质和发病情况。在就诊过程中，应采取必要的隔离防护措施，以免疾病传播。

⑤ 实验室人员内务制度　应指定专人监督保持良好内务的行为。工作区应时刻保持整洁有序。禁止在工作场所存放可能导致阻碍和绊倒危险的大量一次性材料。个人物品、服装和化妆品不应放在有规定禁放的和可能发生污染的区域。食品、饮料及类似物品只应在指定的区域中准备和食用。食品和饮料只应存放于非实验室区域内指定的专用处。冰箱应适当标记以明确其规定用途。实验室内禁止吸烟。

禁止在工作区内使用化妆品和处理隐形眼镜。长发应束在脑后。在工作区内不应佩戴戒指、耳环、腕表、手镯、项链和其他饰品。为了防止被检物质、对照物质及试验材料的污染，研究人员在实验室内根据岗位穿着相应的工作服。不同工作服在不同的岗位穿用，不得串换。工作服应定期换洗，保持整洁干净。

应制订在发生事故或漏出导致生物、化学或放射性污染时，设备保养或修理之前对每件设备去污染、净化和消毒的专用规程。所有用于处理污染性材料的设备和工作表面在每班工作结束、有任何漏出或发生了其他污染时应使用适当的试剂清洁和消毒。对漏出的样本、化学品、放射性核素或培养物，应在危害评估后进行清除，并清除所有涉及区域的污染。清除时应使用经核准的安全预防措施、安全方法和个人防护装备。

内务行为改变时应报告实验室负责人以确保避免发生无意识的风险或危险。实验室行为、工作习惯或材料改变可能对内务和维护人员有潜在危险时，应报告实验室负责人，并书面告知内务和维护人员的管理者。

6.5.2 生物实验室安全保障措施

在早期的生物实验室安全工作中，生物安全保障措施已经部分渗透到了生物实验室的管理措施中。在国标中也有许多与生物安全保障有关的管理规定，遵守这些生物安全保障措施，可以减少无意或故意将这些病原体带出实验室的机会。

① 要认识到实验室防护与实验室安全虽然相关，但二者并不等同。在评价和制订某一具体机构或实验室的规定时，需要防护及安全专家的参与，定期审查安全规定和措施。实验室行政主管应审查所制订的规定，以确保它们对于现有的条件来说充分可行，并且与其他常规的措施或规定相一致。实验室技术主管应确保所有实验室工作人员和参观者了解防护要求、接受严格培训并遵守所制订的规定；当发生事故或出现新的威胁时，应重新审定安全规定和措施。

② 使用和储存病原体或毒素的区域应控制人员的出入；实验室和动物实验室应与所在建筑的公共区分开；实验室和动物实验室应随时上锁，通过门禁系统控制进入实验室和动物实验室；所有进入实验室的人员均应进行登记，包括参观者、维修保养人员及其他偶尔进入的人员；只有需进行有关操作的人员才能留在实验室，并且只能在从事他们特定工作所要求的区域和时间内停留；学生、访问学者、进修人员等，只有在正式工作人员在位的时间内才能进入实验室；进行常规清洁、维修的人员，也只有在常规工作人员在位时才能进入实验室；低温冷柜、冰箱、壁橱及其他储存大量生物因子、有害化学物质或放射性物质的装置，均应上锁。

③ 明确在实验区的人员。单位主管和实验室主管应了解所有实验室的工作人员。根据工作中涉及的生物因子和工作性质，在安排新工作人员进入实验区前，应对其进行背景考查或安全检查；所有工作人员（包括学生、访问学者或其他短期工作人员）必须佩戴明显的身份牌，上面至少应包括：照片、姓名以及有效日期。可在身份牌上用彩色标记或其他易于识别的符号标记，以便于进入限制区时进行安全检查；来访者必须配发身份牌，并且需要工作人员陪同或接受过入室安全检查（其程序同正式工作人员）。

④ 明确被带入实验区的物质。所有包装物品在被带入实验室前，均应经过安全检查（含标本、细菌、病毒分离株或毒素的包装物品，应在安全柜或其他适当的防扩散装置中打开）；欲运至其他实验室的生物材料/毒素，必须根据有关规定进行包装和标记，在运输

此类物质前，应按有关法规办理相关手续，发送者应了解接收者或接收单位的情况，确保接收单位具备安全处理所发送物质的能力；不主张通过手提方式将微生物材料和毒素送至其他单位，假如生物材料或毒素要通过普通运送者手提转运时，需遵守所有相应的规定；被污染的或可能被污染的物质在出实验室前，应经过消毒处理；化学物质和放射性物质必须根据相应规定对其进行处理。

⑤ 制订应急措施。控制人员进入实验区可能会使应急措施的实施更加困难，在制订应急措施时应考虑到这一点。在制订应急措施前，应有单位有关人员（必要时加上外单位专家）对实验区进行评估，以确定在安全和防护方面是否符合规定。单位主管、实验室主管、主要研究者、实验室人员、单位安全办公室人员等均应参与应急措施的制订。应告知安全部门、消防单位以及其他紧急救助人员实验区所使用的生物材料种类，并且协助他们制订应付紧急情况的对策。

⑥ 应急措施中必须包括以下规定：在紧急事故发生时，应立即通知实验室主管、实验室人员、安全办公室或其他资深人员，以便他们在事发时处理有关生物安全问题。实验室应急措施应与整个单位的方案相适应。当制订实验室应急措施时还应考虑到爆炸威胁、恶劣的天气（飓风、洪灾）、地震、停电等因素及其他自然或非自然灾害。实验室主管应与单位安全和防护人员合作，制订报告和调查事故或潜在事故（如未登记访问者、化学物品遗失、恐吓电话等）的策略和程序并制订事故报告方案。

6.6 生物安全事故应急处理

每一个从事感染性微生物工作的实验室都应当制订针对所操作微生物和动物危害的安全防护措施。在任何涉及处理或储存危害等级三级和四级的生物实验室，都必须有一份关于处理实验室和动物设施意外事故的书面方案。国家和当地的卫生部门要参与制订应急预案。应急预案中应包括紧急撤离的行动计划。该计划应考虑到生物性、化学性、失火和其他紧急情况，应包括所采取的使留下的建筑物处于尽可能安全状态的措施。所有人员都应了解紧急撤离的行动计划、撤离路线和集合地点。所有相关人员每年应至少参加一次演习。实验室负责人应确保实验室有可供用于急救和紧急程序的设备。

制订意外事故应对方案时应考虑的问题：高危险度等级微生物的鉴定；高危险区城的地点，如实验室、储藏室和动物房；明确处于危险的个体和人群；明确责任人员与责任单位及其责任，如生物安全官员、安全人员、地方卫生部门、临床医生、微生物学家、兽医学家、流行病学家以及消防和警务部门；列出能接受暴露或感染人员进行治疗和隔离的单位；暴露或感染人员的转移；列出免疫血清、疫苗、药品、特殊仪器和物资的来源；装备的供应，如防护服、消毒剂、化学和生物学的溢出处理盒、清除污染的器材物品。

6.6.1 实验室感染控制

实验室的设立单位应当指定专门的机构或者人员承担实验室感染控制工作，定期检查实验室的生物安全防护、病原微生物菌（毒）种和样本保存与使用、安全操作、实验室排放的废水和废气以及其他废物处置等规章制度的实施情况。负责实验室感染控制工作的机构或者人员应当具有与该实验室中的病原微生物有关的传染病防治知识，并定期调查、了解实验室工作人员的健康状况。

实验室工作人员出现与本实验室从事的高致病性病原微生物相关实验活动有关的感染临床症状或者体征时，实验室负责人应当向负责实验室感染控制工作的机构或者人员报告，同时派专人陪同及时就诊；实验室工作人员应当将近期所接触的病原微生物的种类和危险程度如实告知诊治医疗机构。接诊的医疗机构应当及时救治；不具备相应救治条件的，应当依照规定将感染的实验室工作人员转诊至具备相应传染病救治条件的医疗机构；具备相应传染病救治条件的医疗机构应当接诊治疗，不得拒绝救治。

实验室发生高致病性病原微生物泄漏时，实验室工作人员应当立即采取控制措施，防止高致病性病原微生物扩散，并同时向负责实验室感染控制工作的机构或者人员报告。负责实验室感染控制工作的机构或者人员接到上述报告后，应当立即启动实验室感染应急处置预案，并组织人员对该实验室生物安全状况等情况进行调查；确认发生实验室感染或者高致病性病原微生物泄漏的，应当依照《病原微生物实验室生物安全管理条例》第十七条的规定进行报告，并同时采取控制措施，对有关人员进行医学观察或者隔离治疗，封闭实验室，防止扩散。

卫生主管部门或者兽医主管部门接到关于实验室发生工作人员感染事故或者病原微生物泄漏事件的报告，或者发现实验室从事病原微生物相关实验活动造成实验室感染事故的，应当立即组织疾病预防控制机构、动物防疫监督机构和医疗机构以及其他有关机构依法采取下列预防、控制措施：封闭被病原微生物污染的实验室或者可能造成病原微生物扩散的场所；开展流行病学调查；对病人进行隔离治疗，对相关人员进行医学检查；对密切接触者进行医学观察；进行现场消毒；对染疫或者疑似染疫的动物采取隔离、扑杀等措施。

医疗机构或者兽医医疗机构及其执行职务的医务人员发现由于实验室感染而引起的与高致病性病原微生物相关的传染病病人、疑似传染病病人或者患有疫病、疑似患有疫病的动物，诊治的医疗机构或者兽医医疗机构应当在2h内报告所在地的县级人民政府卫生主管部门或者兽医主管部门；接到报告的卫生主管部门或者兽医主管部门应当在2h内通报实验室所在地的县级人民政府卫生主管部门或者兽医主管部门。接到通报的卫生主管部门或者兽医主管部门应当依照上述规定采取预防、控制措施。发生病原微生物扩散，有可能造成传染病暴发、流行时，县级以上人民政府卫生主管部门或者兽医主管部门应当依照有关法律、行政法规的规定以及实验室感染应急处置预案进行处理。

6.6.2 意外事故应对方案

意外事故应对方案应当提供以下操作规程：防备自然灾害的措施，如火灾、洪水、地震和爆炸；生物危害的评估；意外暴露的处理和清除污染；人员和动物从现场的紧急撤离；人员暴露和受伤的紧急医疗处理；暴露人员的医疗监护；暴露人员的临床处理；流行病学调查；事故后的继续操作。

以下是生物实验室易发生的意外事故及应对措施：

(1) 刺伤、切割伤或擦伤

受伤人员应当脱下防护服，清洗双手和受伤部位，使用适当的皮肤消毒药剂，必要时进行医学处理，要记录受伤的原因和相关的微生物，并且保留完整的医疗记录。

(2) 潜在感染性物质的食入

应脱下受害人的防护服并进行医学处理。要报告所食用的物品，事故发生的细节，保留完整的医疗记录。

(3) 潜在危害性的气溶胶的释放

令实验人员必须立即撤离相关区城，任何暴露人员都应接受医学咨询。应当立即通知验室负责人和生物安全官员。为了使气溶胶排出和使较大的粒子沉降，在一定时间内严禁人员入内。如果实验室没有中央通风系统，则应推迟进入实验室，在显要位置张贴禁止进入的标志。过了相应时间后，在生物安全官员等技术人员的指导下清除无污染，在清理过程中应穿戴适当的防护服和呼吸保护装备。

(4) 容器破碎及感染性物质流出

应当立即用布或纸巾覆盖受感染性物质或受感染性物质溢洒的破碎物品，在上面倒上消毒剂，使其作用适当时间，然后将布、纸巾以及破碎物品清理掉。玻璃碎片应用镊子清理后再用消毒剂擦拭污染区城。如果用簸箕清理破碎物，应当对它们进行高压灭菌或放在有效的消毒液内浸泡。用于清理的布、纸巾和抹布等应当放在盛放污染性废弃物的容器内。所有这些操作过程中都应戴手套。如果实验表格或其他打印或手写材料被污染，应将这些信息复制，并将原件置于盛放污染性废弃物的容器内消毒处理或销毁。

(5) 未装可封闭离心桶的离心机内盛有潜在感染性物质的离心管发生破损

如果机器正在运行时发生破损或怀疑发生破损，应关闭机器电源，机器保持密闭以使气溶胶沉积。如果机器停止后发现破损，应立即将盖子盖上，并密闭。发生这两种情况时都应通知生物安全负责人。随后的所有操作都应戴结实的手套，必要时可在外面戴适当的一次性手套。当清理玻璃碎片时应当使用镊子，或用镊子夹着的棉花来进行。

所有破损的离心管、玻璃碎片、离心桶、十字轴和转子都应放在无腐蚀性的、已知对相关微生物具有杀灭活性的消毒剂内。未破损的带盖离心管应放在另一个装有消毒剂的容器中，然后回收。离心机内腔应用适当浓度的同种消毒剂擦拭，并重复擦拭一次，然后用水冲洗并干燥。清理时所使用的所有材料都应按感染性废弃物处理（图 6.1）。

图 6.1

图 6.1　生物实验室离心机内破碎部件的清理（续）

(6) 在可封闭的离心桶（安全杯）内离心管发生破损

所有密封离心桶都应在生物安全柜内装卸。如果怀疑在安全杯内发生破损，应该松开安全杯盖子并将离心桶高压灭菌。另一种方法是对安全杯进行化学消毒（图 6.2）。

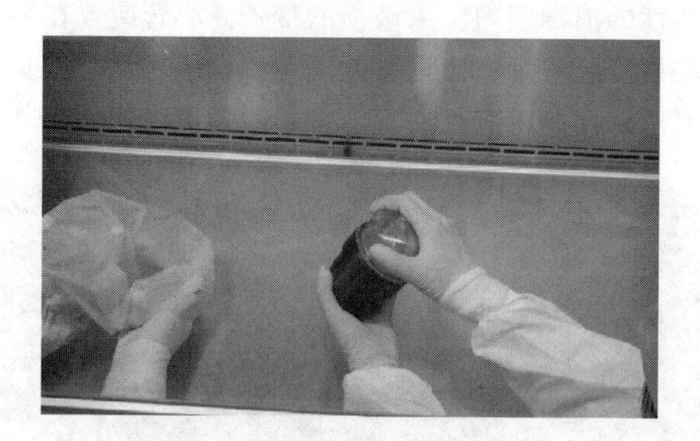

图 6.2　生物实验室安全杯损坏清理

参考文献

[1] 马文丽，郑文岭. 实验室生物安全手册 [M]. 北京：科学出版社，2003.

[2] 朱守一. 生物安全与防止污染 [M]. 北京：化学工业出版社，1999.

[3] 哈特里. 生物学实验室的安全问题 [M]. 北京：科学出版社，1981.

[4] 世界卫生组织．实验室生物安全手册（修订本）[M]．2版．北京：人民卫生出版社，2006.
[5] 庞俊兰，孔凡晶，郑君杰．现代生物技术实验室安全与管理 [J]．自然科学进展，2006（11）：1427.
[6] 中国实验室国家认可委员会．实验室生物安全基础知识 [M]．北京：中国计量出版社，2004.
[7] 马文丽，郑文岭．实验室生物安全手册 [M]．北京：科学出版社，2003.
[8] 中国建筑科学研究院．生物安全实验室建筑技术规范 [J]．中国建设信息：供热制冷专刊，2004（5）：6-8.

扫码在线练习
掌握安全知识

第7章

实验室个人防护及安全操作

个人防护用品是指在劳动生产过程中使劳动者免遭或减轻事故和职业危害因素的伤害而提供的个人保护用品，直接对人体起到保护作用，也称作个人防护装备（personal protective equipment，PPE）。其主要功能是在一定程度上保护实验人员，减少实验过程中的有毒有害液体、气体或误操作等对人体所造成的伤害。在实验操作过程中，操作者选用适当的个人防护用具对自身安全有重要保障作用。当事故发生时可以在很大程度上减少对人体所造成的伤害。个人防护装备可以减少操作人员接触生物、化学和物理材料的危害，被视为应对工作或实验中意外的最后一道防线，其需具备的两个特征是易用性和防护有效性。理想情况下，控制危害的首要手段是工程控制，必要时使用PPE以提高安全防护冗余度，减少个人的职业风险暴露。个人防护装备不能够代替外界的防护工程，此外安全的操作规范在实验过程中也是重要的一个环节，两者相互结合，才能确保实验人员的安全和健康，保证实验正常进行。

7.1 个人防护用品概述

在选用个人防护装备之前首先要对实验过程进行危险性评估，以确定危险源，主要包括：电、水、火、毒、辐射、抗压等几个方面。一般要求专门执行检查的人员进行定期检查并建立档案，同时根据现场实验情况配备相应的防护设备。选用防护设备的基本要求是确保防护的最低水平高于受到伤害时的最高水平。检查人员要能敏感识别各种危险源，并给予相应的预防措施以及紧急措施。实验人员要经过良好的培训，具备熟练的安全操作技术，在实验过程中，工作人员的责任心对于实验室安全操作至关重要，此外安全设备和个体防护装备如防酸碱手套、防护眼镜、防护服、实验室要求的灭火器，水池、排气等防护设施也不可缺少。同时这些防护工具应放在特定位置定期检查或者更换。

危险化学品易燃、易爆、有毒、有害及有腐蚀性，会危及人身安全和财产安全。危险化学品会对人员、设施、环境造成伤害或损害，包括爆炸品，压缩气体、液化气体，易燃液体、易燃固体，自燃物品和遇湿易燃物品，氧化剂和有机过氧化物，有毒品，腐蚀品等。在从事危险化学品的实验操作、处置、储存、搬运、运输和废弃等作业过程中，对实验者进行个体防护十分重要。正确选用和穿戴个体防护用品，是对个体有效防护的关键。

个人防护装备所涉及的防护部位主要包括眼睛、头面部、躯体、手、足、耳（听力）以及呼吸道，其装备包括眼镜（安全眼镜、护目镜）、口罩、面罩、防毒面罩、帽子、防护衣（实验服、隔离衣、连体衣、围裙）、手套、鞋套以及听力保护器等。我们从以下几个方面来讲解：眼部保护，呼吸系统的保护，手的保护，耳及其他方面的保护。

7.2 个人防护装备的选用与管理

劳动防护用品的选用原则一般可以根据国家标准、行业标准或地方标准进行，或根据生产作业环境、劳动强度以及生产岗位接触有害因素的存在形式、性质、浓度（或强度）和防护用品的防护性能进行选择；此外，穿戴要舒适方便，不影响实验者作业。对个人防护用品的设计应符合安全、轻便、舒适、方便的原则。穿着舒适取决于两个因素：一是采用柔软型防护材料；二是能分解负重，使身体多个部位承重，并加大负重面积，以降低压强。

个人防护用品使用前应仔细检查，不使用标志不清、破损的防护用品和“三无”产品。在危害评估的基础上，按不同级别的防护要求选择适当的个人防护装备及类型。同时要求工作人员充分了解其实验工作的性质和特点，经演练培训后正确使用个人防护装备。按相应的防护规程采取安全有效的个体防护措施。任何个人和组织都不能违反防护要求和规律，擅自或强令他人（或机构）在没有适当个体防护的情况下进入该类实验环境工作。同时要求工作人员必须经过系统的个体防护培训和定期演练，经考核合格后，方可上岗。

特别需要指出的是，由于任何个体防护的防护性能都具有一定的局限性，即使是正确选择和使用个体防护装备，能将当时实验室内的微小环境条件下进入人体的有害物质的威胁降低到最低程度，但并非绝对安全。因此在实验室研究和实验操作时，应充分考虑在整个实验过程是否组合使用实验室工程防护和个人防护装备进行保护。例如，在生物安全防护实验室，对实验人员的主要危害来自皮肤或黏膜意外接触或经气溶胶途径传播，对于有气溶胶或高度飞溅可能性的操作，会增加人员暴露的危险。原因是气溶胶传播的可能性越大，其危险性就越高，通过气溶胶传播的疾病最容易发生实验室感染，因此必须在生物安全柜（BSC）及其他安全防护设施中进行，同时根据实验等级按规定佩戴防溅罩、防护面罩、隔离衣以及手套等其他个人防护装备。

根据2005年国家安全生产监督管理总局发布的《劳动防护用品监督管理规定》，在化学实验室中个人防护用品可以划分为以下几个方面。

① 眼睛防护　佩戴防护眼镜、眼罩或面罩，适用于存在粉尘、气体、蒸气、雾、烟或飞屑刺激眼睛或面部时，佩戴安全眼镜、防化学物眼罩或面罩（需整体考虑眼睛和面部同时防护的需求）；焊接作业时，佩戴焊接防护镜和面罩。

② 呼吸防护　根据国标《呼吸防护用品的选择、使用与维护》选用。要考虑是否缺氧、是否有易燃易爆气体、是否存在空气污染、种类、特点及其浓度等因素之后，选择适用的呼吸防护用品。

③ 手部防护　佩戴防切割、防腐蚀、防渗透、隔热、绝缘、保温、防滑等手套，可能接触尖镜物体或粗糙表面时，防切割；可能接触化学品时，选用防化学腐蚀、防化学渗透的防护用品；可能接触高温或低温表面时，做好隔热防护；可能接触带电体时，选用绝

缘防护用品；可能接触油滑或湿滑表面时，选用防滑的防护用品，如防滑鞋等。

④ 听力防护　根据实验室噪声强度选用护耳器；提供适用的通信设备。

⑤ 头部防护　佩戴安全帽，适用于环境存在物体掉落的危险；环境存在物体击打的危险。

⑥ 防跌保护　系好安全带，适用于需要登高时（2m 以上）；有跌落的危险时。

⑦ 足部防护　穿防砸、防腐蚀、防渗透、防滑、防火花的保护鞋。可能发生物体砸落的地方，要穿防砸保护的鞋；可能接触化学液体的作业环境要穿防化学液体的鞋；注意在特定的环境穿防滑或绝缘或防火花的鞋。

⑧ 防护服　保温、防水、防化学腐蚀、阻燃、防静电、防射线等。高温或低温作业要能保温；潮湿或浸水环境要能防水；可能接触化学液体要具有化学防护使用；在特殊环境注意阻燃、防静电、防射线等。

常见实验室个人防护装置如图 7.1 所示。

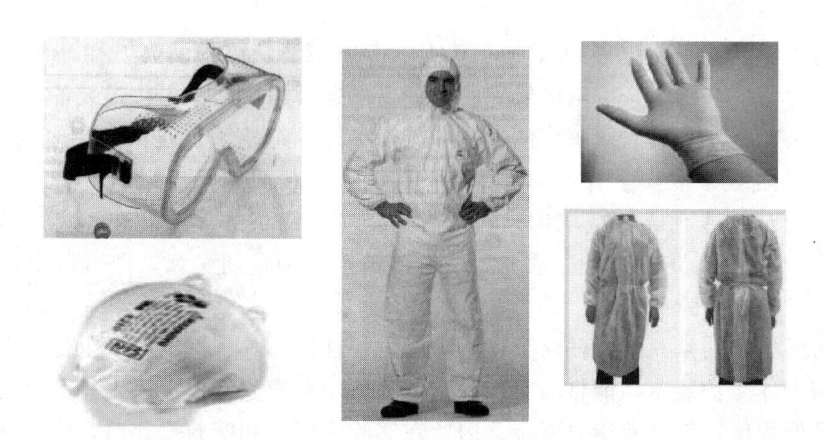

图 7.1　常见实验室个人防护装置

所有的个人防护用品应依照国家标准《劳动防护用品配备标准(试行)》配备。对于实验室防护用品，采购要求为：生产防护用品的单位应具备国家生产许可资质；生产的产品规格和性能符合国家质量标准；产品经过国家检验，有说明书和合格证；在采购后需要有实验室检测人员验收，并给予记录。

用品采购完毕需要有配发环节，配发应注意：按照实验室的标准足额配发，避免出现用品短缺情况；任何情况下严禁配发不合格、有缺陷、过期、报废、失效的防具；配发的个人防护用品应具有“三证一标”，即生产许可证、合格证、安全鉴定证以及安全标志。实验室检查人员应该按照规定时间发放、巡检、回收替换个人防护用品。当检查发现防护用品需要淘汰应及时更换，并做好记录。

实验人员在实验开始前应接受实验室安全培训，内容除了安全操作规范外还需要识别个人防护用品合格与否；正确使用防护用品的方法和要求；防护用品的保养和清洁；认识防护用品的重要性和使用不当的严重后果。

由于实验人员一般不混用个人防护用品，在平时使用时应注意：定期对自己的防护用品进行维护和保养；按照说明书进行清洁保养，以免发生意外；个人防护用品的存放应有固定的地点和位置，或者做个人标记，避免混用误用；当防护用品破损、过期、失效、丢失应及时报备；眼及面部防护装备对清洁度的要求很高，必须进行定期的消毒和清洁，且未经消毒的个人防护装备不可以混用、共用。

此外实验室应建立防护用品的检查与监督机制，开展自检、互检、巡检等活动，发现违规行为及时纠正并教育，如此可以保障实验安全顺利进行。

7.3 眼部保护

防护眼镜是一种起特殊作用的眼镜，使用的场合不同需求的眼镜也不同。如医院用的手术眼镜，电焊的时候用的焊接眼镜，激光雕刻中的激光防护眼镜等等。防护眼镜分为安全防护眼镜和防护面罩两大类，其作用主要是防护眼睛和面部免受紫外线、红外线和微波等电磁波的辐射，粉尘、烟尘、金属和砂石碎屑以及化学溶液溅射的损伤。

在实验中眼部造成的伤害及其后续影响大大超过其他伤害，因缺乏相应的防护而导致眼睛受到伤害的事故数量巨大，几乎每一个受害人都由于疏忽或图方便没有佩戴护目镜，飞溅的液体，破碎的玻璃，远远超过人的反应速度，即使侥幸躲开也会对皮肤造成伤疤等影响。据近几年所发生的事故采访统计，由于大学生佩戴眼镜者较多，他们误认为眼镜可以充当护目镜，殊不知眼镜无论其材质或保护范围都达不到护目镜的效果，往往在事故发生时会对人体造成二次伤害。这也是实验者的安全意识淡薄造成的，由于个人疏忽或认为事故只会对旁人发生。但是如果佩戴了护目镜、面罩、头盔等装备后，此类问题可以得到很好的解决。

需要佩戴防护眼睛的人员一般包括：实验工作人员、记录员、参观人员、在实验区域停留一定时间的人等。危险源一般有：液体、玻璃器皿、剧烈反应、蒸气、光辐射等。在实验室应该一直戴着有护罩的安全眼镜，保护眼睛在任何情况下都是最重要的，应根据实验的内容和危险性选择合适水平的护目镜。防冲击眼镜材质选用高强度 PC 料，耐冲击强度大，可在发生意外时有效地保护眼睛。

防护眼镜在耐火、防冲击、强度、轻便等方面必须要有充分的保证。镜片应该由特殊制品制成，可以抵抗暴力冲击和摩擦，眼镜的宽视角要符合一定的规格，可以透过足够的光线，镜片的更换要方便简单，防护眼镜的每一部分都应该可以清洁和消毒。面罩的保护面积比较大，可以保护面部、脖子、耳朵免受液体或者有毒气体的伤害。有些面罩和工作台固定在一起，有一定的立体硬度，可以比较好地保护几乎整个上半身，在从事真空或高低压相关的工作时应该使用面罩。

佩戴隐形眼镜的实验人员应特别注意眼睛的保护，尤其是卫生防护，有害气体可能会对其伤害增加，但在实验室可以佩戴隐形眼镜。

一般用于实验室工作人员操作的各种防护眼镜，可根据作用原理将防护镜片分为三类：反射性防护镜片，根据反射的方式，还可分为干涉型和衍射型；吸收性防护镜片，根据选择吸收光线的原理，用带有色泽的玻璃制成，例如接触红外辐射应佩戴绿色镜片，接触紫外辐射佩戴深绿色镜片，还有一种加入氧化亚铁的镜片能较全面地吸收辐射；复合性防护镜片，将一种或多种染料加到基体中，再在其上蒸镀多层介质反射膜层。由于这种防护镜将吸收性防护镜和反射性防护镜的优点结合在一起，在一定程度上改善了防护效果（表 7.1）。

■ 表 7.1 各种防护眼镜

序号	项目	实物图	功能
1	防化学溶液		防化学溶液的防护眼镜主要用于防御有刺激或腐蚀性的溶液对眼睛的化学损伤
2	防冲击护目镜		主要用于防御金属或砂石碎屑等对眼睛的机械损伤。眼镜片和眼镜架应结构坚固，抗打击
3	防电弧眼镜		为了保护操作者免受强电弧光伤害，深颜色的镜片可以更好地阻挡对眼睛有害的物质
4	激光防护眼镜		能够防止或者减少激光对人眼伤害的一种特殊眼镜。要提供对激光有效防护，必须按具体使用要求对激光防护镜进行合理地选择
5	防护面罩		防护面罩是用来保护面部和颈部免受飞来的金属碎屑、有害气体、液体喷溅、金属和高温溶剂飞沫伤害的用具
6	放射线防护镜		光学玻璃中加入铅，用于X射线、γ射线、α射线、β射线作业人员

防护眼面罩具有防高速粒子冲击和撞击的功能，并根据其他不同需要，分别具有防液体喷溅、防有害光（强的可见光、红外线、紫外线、激光等）、防尘等功效。针对具有刺激性和腐蚀性气体、蒸气的环境，建议应该选择全面罩，因为眼罩并不能做到气密，如果事故现场需要动用气割等能够产生有害光的设备，应配备相应功能的防护眼镜或面罩。全面型呼吸防护器对眼睛具有一定的保护作用。眼罩对放射性尘埃及空气传播病原体也有一定的隔绝作用。防护面罩可分为防固体屑沫和防化学溶液面罩：用轻质透明塑料或聚碳酸酯塑料制作，面罩两侧和下端分别向两耳和下颌下端及颈部延伸，使面罩能全面地覆盖面部，增强保护效果。防热面罩可用铝箔制成，也可以用镀铬或镍的双层金属网制成，反射热和隔热作用良好，并能防微波辐射。

此外，在实验人员的眼部可能受到腐蚀材料伤害的场所都需要提供紧急洗眼设备，且此设备应位于紧急位置，易接近和取得（图 7.2）。使用步骤为：取下洗眼器盖，将受感染者的眼睛部位摆放到冲眼器的花洒正上方，将洗眼器开关打开，花洒中清水喷出，对眼睛进行清洗。实验室紧急洗眼装置需要定期检查并做好记录，包括可用性、水压、排除污水。

图 7.2 洗眼器

如果试剂溅进眼睛首先应将眼皮掀起，眼球上下左右转动，使眼皮后面的部分也得到清洗。一般应用洗眼装置冲洗眼睛，万一没有的情况下，可以用干净的橡皮管，或让伤者仰面躺下将水缓慢冲向眼睛，持续 15min 以上（刚开始时眼睛是很不适应的，但应坚持），也可以直接在水龙头下冲洗，但注意不要将冲洗的水流经未受伤害的眼睛，在经过紧急处置后，马上到医院进行治疗。

7.4 呼吸系统的保护

实验人员在操作有刺激、有毒性的化学药品过程中，进行呼吸系统方面的防护是非常有必要的，目的在于防止呼吸中毒和刺激黏膜呼吸道等有害影响。易挥发有机气体的取用，各种刺激性酸碱的配制，HPLC 等的使用，各种有机合成反应等，通风设施是不可或缺的安全工程防护，但在实际的操作过程中由于情况的未知性和偶然性，有毒有害气体仍可能会溢出进入实验环境中。如果是剧毒气体则对实验人员有致命危险，诸如此类的例子已经有很多，足以引起我们的重视。1995 年 9 月香港某大学化学系大四学生因吸入酸酐而不治身亡。1997年香港另一大学物理系访问学者因未按规定使用通风橱造成他人肺部伤害而永不被香港各大学录用。因此，除了通风工程防护，正确设计实验和正确操作，还必须坚持个人呼吸防护用具的使用。

长期暴露于实验环境中时，即使是低毒的气体也会损害身体健康。因此，在实验过程中，只要涉及有毒有害的气体和其他有机和无机挥发物，必须时刻佩戴呼吸系统防护用具。呼吸防护用品轻便程度不同，防护程度也不同，因此在不同环境中应选用合适的用品，才能在保证工作效率的同时最大限度地保护自身的健康。

7.4.1 呼吸器官防护用具的分类

呼吸器官防护用具（RPE）包括防尘口罩、防毒口罩、防毒面罩等，根据结构和作用原理，可分为过滤式（空气净化式）和隔绝式（供气式）两种类型。

(1) 过滤式呼吸防护用具

过滤式呼吸防护用具是把吸入的环境空气，通过净化部件的吸附、吸收、催化或过滤等作用，除去其中有害物质后作为气源，供使用者呼吸用，它是以佩戴者自身呼吸为动力，将空气中有害物质予以过滤净化。典型的过滤式呼吸器如防尘口罩、防毒口罩和过滤式防毒面罩。过滤式呼吸器只能在不缺氧的环境（即环境空气中氧的含量不低于18%）和低浓度毒污染环境使用，一般不用于罐、槽等密闭狭小容器中作业人员的防护。

按过滤元件的作用方式分为过滤式防尘呼吸器和过滤式防毒呼吸器。前者主要用于隔断各种直径的粒子，通常称为防尘口罩和防尘面罩；后者用以防止有毒气体、蒸气、烟雾等经呼吸道吸入产生危害，通常称为防毒面罩和防毒口罩。化学过滤元件一般分滤毒罐和滤盒两类，滤毒罐的容量并不一定比滤毒盒大，这主要是执行产品的标准不同决定的。化学过滤元件一般分单纯过滤某些有机蒸汽类、防酸性气体类（如二氧化硫、氯气、氯化氢、硫化氢、二氧化氮、氟化氢等）、防碱性气体类（如氨气）、防特殊化学气体或蒸汽类（如甲醛、汞），或各类型气体的综合防护。有些滤毒元件同时配备了颗粒物过滤，有些允许另外安装颗粒物过滤元件。所有颗粒物过滤元件都必须位于防毒元件的进气方向。

过滤式呼吸防护器又分为全面型和半面型，在正确的使用条件下，二者分别能将环境中有害物质浓度降低到1/10和1/50以下。过滤式中还有动力送风空气过滤式呼吸器，能将环境有害物浓度降低到1/1000以下。

化学实验室常用的过滤式呼吸器可分为以下几种。

① 普通脱脂棉纱布口罩　普通脱脂棉纱布口罩用的纱布层数不少于12层，用于缝制口罩的面纱经纱每厘米不少于9根，纬纱每厘米不少于9根。普通脱脂棉纱布口罩无过滤效率、密合性等参数要求，不具备阻断颗粒性有害物和吸附有毒物质的功能，所以不能用于各类突发公共卫生事件现场防护。

② 活性炭口罩　活性炭口罩是在纱布口罩的基础上加入了活性炭层。此类口罩不能增加阻断有害颗粒的效率，活性炭的浓度不足以吸附有毒物质。所以同样不能用于各类突发公共卫生事件现场防护。活性炭口罩有一定的减轻异味的作用（如处理腐烂物质），同样不能用于有害气体超标的环境。

③ 医用防护口罩　医用防护口罩能够滤过空气中的微粒，如飞沫、血液、体液、分泌物、粉尘等物质，其滤过功效相当于NIOSH/N95或EN149/FFP2，能够有效地隔断传染性病原体和放射性尘埃。同时，也有足够的防尘功效。在国际上口罩一般是用无纺布制

成，主要用来防尘，防尘口罩主要是用来防止颗粒直径小于 5μm 的呼吸性粉尘经呼吸道吸入产生危害，主要用于浓度较低的作业场所。

④ 防毒面罩　有半面罩和全面罩两种，实验室普遍使用的防毒面罩属半面罩。在发生紧急事故的时候，在短时间内如四周大气含有足够的氧气，此时不需要配用笨重的自给式的呼吸器，使用与四周大气隔离的防毒面罩就可以有效抵抗环境中的尘埃、蒸气以及有毒的烟气。防毒面罩的滤毒罐应对特定的化学试剂，应根据现场情况不同进行选用，如防氨气的防毒面罩不能用于高浓度有机气体的环境。

(2) 隔绝式呼吸防护用具

过滤式呼吸防护用品的使用要受环境的限制，当环境中存在着过滤材料不能滤除的有害物质，或氧气含量<18%，或有毒有害物质浓度>1%时均不能使用，这种环境下应用隔绝式呼吸防护用具。隔绝式呼吸防护用具将使用者呼吸器官与有害空气环境隔绝，靠本身携带的气源（自给式，SCBA）或导气管（长管供气式），引入作业环境以外的洁净空气供呼吸，经此类呼吸防护器吸入的空气并非经净化的现场空气，而是另行供给。隔绝式呼吸防护用品可以使人员呼吸器官、眼睛和面部与外界受污染空气隔绝。

① 送风式空气呼吸器　为独立供氧防护设备，自给形式的呼吸系统在大多情况下都可以提供理想的保护。它的主要构件有：头套、呼吸管道、适当的压缩机、比大气压力稍高的新鲜空气。若没有压缩机和呼吸管道的条件，可以选用软管面罩，软管与鼓风器连接，整个鼓风器应该完全处于危险环境之外，且鼓进来的气体要新鲜健康。在没有鼓风器的环境下切不可使用此种防护工具。

② 正压式空气呼吸器　主要包括罐装压缩氧气或空气、一只减压阀和面罩，氧气罐的氧气则会自动通过减压阀注入呼吸袋。氧气罐中的氧气含有一定量的惰性气体，在实际使用时候，氧气被消耗，因而呼吸袋中的惰性气体含量会增加，当到指定含量时，呼吸器不再具有防护效果，此时应该立刻退出实验环境，否则会产生窒息危险。携带式空气呼吸器用于危机情况的抢险救援，这种仪器笨重且复杂，使用和保养都需要预先的训练。由于穿戴者背负的储气罐尺寸不同及年龄等因素，每一台可以提供 1～2h 的使用时间。

③ 自给式空气呼吸器　其基本原理是封闭循环，人体从呼吸袋中吸入氧气，呼出的二氧化碳和水蒸气与预先放入的化学试剂（如过氧化钾）反应生成氧气，以此进行循环使用，直到药剂失效。

7.4.2 呼吸器官防护用具的选用

呼吸防护用品的使用环境分两类，第一类是对生命和健康造成直接危害（immediately dangerous to life and health，IDLH）的环境，IDLH 环境会导致人立即死亡，或丧失逃生能力，或导致永久健康伤害。第二类是非 IDLH 环境。IDLH 环境包括以下几种情况：①空气污染物种类和浓度未知的环境；②缺氧或缺氧危险环境；③有害物浓度达到 IDLH 浓度的环境。

针对 IDLH 环境应选择隔绝式呼吸防护用品，在非 IDLH 环境才可以选择过滤式防护用品。对过滤式呼吸器，要根据现场有害物的种类、特性、浓度选择面罩种类及适当的过滤元件。当有害物种类不详或不具有警示性或警示性很差，以及没有适合的过滤元件时，就不能选择过滤式呼吸防护用品。

过滤式呼吸器除去吸入的空气里所含的有毒有害组分，一般有四种方法：机械过滤、高强度活性表面物质吸收、被化学试剂药品所吸附（一般为多孔载体）和用转化的办法将其转变为无害的物质。机械过滤的原理可以用来阻止细微的粉尘、烟或者雾。物理吸附常用的吸收剂为活性炭，它可以用于除去有机溶剂的蒸气，不同气体的吸收程度与它们的沸点和临界温度有关，高沸点的气体优先被吸收，已经吸收的气体可能被沸点更高的其他气体所替代。部分沸点低的气体，由于其分子量小，不能被活性炭所滞留，所以一般采用化学吸附的方法吸收，如：氰化氢、氨气、硫化氢、氢卤酸和二氧化碳等，酸性气体则可以使用附加在多孔载体上的碱吸收。

过滤式防护用品需根据应急响应现场可能遇到的有害物不同而选择不同的滤芯，如微生物、放射性和核爆物质（核尘埃）以及一般的粉尘、烟和雾等，应使用防颗粒物过滤元件，但需要在过滤效率等级方面和过滤元件类别方面加以区分，过滤效率选择原则是：致癌性、放射性和高毒类颗粒物应选择效率最高档，微生物类至少要选择效率在95%档；类别选择原则是：如果是油性颗粒物（如油雾、沥青烟、一些高沸点有机毒剂释放产生油性的颗粒等）应选择防油的过滤元件，如果颗粒物具有挥发性，还必须同时配备防护对应气体的滤毒元件。

7.4.3 呼吸器官防护用具的使用

实验室需要定期对防毒面罩的使用进行培训，对它的穿戴、使用、管理、保养都需要有专门的人员进行培训。

半面罩是实验室最常用的防毒用具，其正确的佩戴方法如下所述。

① 先将头带扣松开，把头带调至最松位置，然后将上方头带套在头顶，使面罩盖住自己的口鼻，然后将下方头带在颈后扣好；

② 用双手拉紧头带，注意不要过紧，以免造成不必要的不适；

③ 调整好面罩位置后，做面部密合性试验，先用手掌盖住滤盒或滤棉的进气部分，然后缓缓吸气，如果感觉面罩稍稍向里塌陷，说明面罩内有一定负压，外界气体没有漏入，密合良好；

④ 用手盖住呼气阀，缓缓呼气，如果感觉面罩稍微鼓起，但没有气体外泄，说明密合良好。

防尘面罩可以阻止粉尘的吸入，减少对人体肺部的伤害，降低职业病的发生。防尘面罩大多情况下是通过机械过滤的方法，过滤大颗粒固体来起作用，防尘面罩的主要性能差别是被滞留的颗粒的大小、粉尘除去的干净度和呼吸阻力等因素。防尘面罩由于原理简单，所以样式更加多样化，但原理基本不变，由于是机械过滤，所以此种面罩的寿命也比较短，在长时间使用后，由于颗粒堵塞，呼吸会有窒息感，这时候就应该及时更换。

防毒面罩具有各种尺寸，佩戴者需要了解自己的使用尺寸，这样才能与四周环境的大气隔离，完美的嵌合人的呼吸器官，避免发生泄漏等问题。在佩戴前应对仪器加以检查，优良的面罩应具有呼入和呼出阀，可以减少对呼吸的阻力，减轻窒息感。面罩的面料应该是柔韧的，与脸部要贴合，并需用束缚带扎住。面罩上的镜片为不易碎玻璃，或其他高强度物料构成，在镜片的朝里一面需要涂抹防雾物料来防止呼出蒸汽的影响。

过滤式防毒全面罩在使用前应将面罩、导气管、滤毒罐连接起来，检查整套面罩的密封性，戴上面罩后用手堵住滤毒罐底部进气孔，进行深呼吸，若无空气吸入，说明此套面罩气密性良好。检查是否有破损，系带是否连接牢固，选用适合个人面部大小的面罩，系带时不易过紧，不应产生压迫感，保证与脸形状密合良好又能在口鼻处保留一定空间，感觉舒适即可。根据作业场所有害物质环境选择与有害物质相适应的滤毒罐，并认真阅读使用说明书，详细了解其性能和注意事项，防止意外伤害。

化学实验室常用的隔绝式呼吸器是正压式空气呼吸器，它可以防止缺氧窒息和有毒有害气体通过呼吸道侵入人体，对人体造成伤害。正压式空气呼吸器的使用方法如下所述。

① 佩戴空气呼吸器的面罩　拉开面罩头网，将面罩由上向下戴在头上，调整面罩位置，使下巴进入面罩下面凹形内，调整颈带和头带的松紧。

② 检查空气呼吸器面罩的密封　戴上面罩后，用手按住面罩口处，通过呼气检查面罩密封是否良好。

③ 安装空气呼吸器面罩供气阀　将供气阀上的红色旋钮置于关闭位置（顺时针旋转到头）确认其接口与面罩接口齿合，然后顺时针方向旋转90°，当听到咔嗒声时，即安装完毕。

④ 背负空气呼吸器的气瓶　将气瓶阀向下背上气瓶，通过拉肩带上的自由端调节气瓶的下位置和松紧，直到感觉舒服为止，然后扣紧腰带。

⑤ 结束使用空气呼吸器　使用结束后，松开颈带和头带将面罩从脸部由下向上脱下，按下供气开关，解开腰带和肩带，卸下装具，关闭气瓶阀。

正压式空气呼吸器的使用注意事项如下。

① 使用前必须完全打开气瓶阀，同时观察压力表读数，气瓶压力应不小于25MPa，通过几次深呼吸检查供气阀性能，吸气和呼气都应舒畅，无不适感觉。佩戴空气呼吸器的面罩不能漏气，要检查空气呼吸器面罩的密封性。

② 空气呼吸器使用结束后，必须按下供气阀旁边的供气开关按钮，防止浪费压缩空气。

③ 位于供气阀进气口上配有一个红色旋钮指示器，只有在非常必要时才使用，否则空气将迅速释放。

④ 空气呼吸器保存温度为5～30℃，距热源1.5m，远离酸、碱等有腐蚀性的地方保存。听到报警声时，应迅速撤离现场。

7.4.4 呼吸器官防护用具的检查与维护

呼吸防护用品的有效性主要体现在两个方面：提供洁净呼吸空气的能力，隔绝面罩内洁净空气和面罩外部污染空气的能力，后者依靠防护面罩与使用者面部的密合。判断密合的有效方法是适合性检验，适合性检验的方法有多种，每种适合性检验都有适用性和局限性，一般定性的适合性检验只能适合半面罩，或防护有害物浓度不超过10倍接触限值的环境，定量适合性检验适合各类面罩。由于不需要密合，开放型面罩或送风头罩的使用不需要做适合性检验。

适合性检验不是检验呼吸防护面罩的性能，而是检验面罩与每个具体使用者面部的密合性。一般在呼吸防护面罩的检验认证过程中，依据标准对面罩进行有关密合性的检验。在选择面罩时，首先可以根据每款面罩提供的号型，根据脸形大小进行粗略选择，然后再借助适合性检验确认能够密合。

适合性检验中需要借助某些试剂（颗粒物或气体），通过检测或探测面罩内外部浓度，判断面罩能够将面罩外检测试剂浓度降低的倍数。以定性适合性检验为例，借助喷雾装置，将经过特殊配比诸如糖精（甜味）或苦味剂液体喷雾，在确认使用者能够尝到试剂味道的前提下，依靠使用者对检验喷雾的味觉，判断面罩内能否尝到喷雾，如果尝不到，一般可以判断面罩是否密合。如使用者在适合性检验中能够尝到味道，说明两种可能性，一是面罩型号不适合，二是面罩佩戴或调节方法不当。所以每次检验失败都提供第二次机会，通过调节头带松紧、面罩位置、鼻夹松紧等再重复检验。如果仍然有味道，说明该使用者应选择其他型号或品牌的防护面罩了。定性适合性检验设备比较简便，实施比较方便。对需要使用全面罩的情况，需要依靠定量适合性检验来判断面罩的适合性，建议联系面罩供货商提供有关服务。根据国标的要求，适合性检验应在首次使用一款呼吸防护面罩的时候做，以后每年进行一次。适合性检验应由提供呼吸防护用品的单位提供。

此外气体通过滤芯后，有害物的浓度降低，同时滤芯也会逐渐吸附饱和，一旦吸附达到饱和就需要更换。更换滤芯难以通过主观评断，实际生产中是通过统计使用时间来进行，这就要求实验人员在每次使用完毕后仔细记录使用时间及具体时长。在环境中有害物浓度较高或滤芯已开封长时间的情况下都不可以使用，因安全系数不够可能对人体造成损伤，需换用全面罩或更换新的防毒滤芯。

在平时的检查中，检查人员需要测试滤毒设备的吸收能力，并给予记录，在每次使用完毕后都应当洗涤干净并消毒，一般用肥皂水和清水，或者甲醛消毒。由于大多防毒面罩包含许多橡胶部件，因此防毒面罩在不使用时应置于阴凉通风处。

7.5 手的保护

手是我们进行实验操作，与各种化学试剂最近距离接触的部位，若不给予适当的防护，也是很容易受到伤害的。轻微伤害如少量飞溅的腐蚀性液体造成脱皮，严重伤害如高速旋转机器对手造成的损伤。此外许多有机溶剂等还会通过手的毛细孔进行皮肤渗入，导致人中毒。手套可以防止多方面的伤害：化学试剂、切割、划伤、擦伤、烧伤和生物伤害等。由于安全疏忽没有佩戴手部防护用品或者不当的佩戴导致的安全事故也屡见不鲜。2008 年，某博士生在使用三乙基铝的时候，不小心弄到了手上，由于没有戴防护手套，出事后也没有立刻用大量清水冲洗，结果左手皮肤严重灼伤，以至需要植皮治疗。

根据防护对象不同，手套分为耐酸碱手套、橡胶耐油手套、防毒手套、防静电手套和带电作业用绝缘手套等，其中应用最为广泛的要数耐酸碱手套。实验室对常用的防护手套的规格技术要求如下：塑料（PVC）防护手套使用不会引起皮肤过敏、发炎的原料制作，手套双侧的厚度不小于 0.6mm，不允许漏气。乳胶防护手套不允许漏气，表面无明显裂痕、气泡、杂质等缺陷。橡胶防护手套不能含有再生胶和油膏，表面必须无裂痕、折缝、发黏、喷霜、发脆等缺陷，除了硫化配料和其他配合剂外，胶料的含量要占总质量的 70％以上。帆布防护手套分为五指、三指和二指三种。缝制的针码为每厘米 4～5 针，帆布的质量不小于 380g/m^2。白纱防护手套分为平口和螺口两种。平口白纱手套要使用白粗号棉纱（21×8）合并织成，质量不小于 45g/副。螺口白纱手套要使用本白粗号棉纱（21×9）合并织成，质量不小于 52g/副。皮革防护手套要使用经过鞣制的成品皮革制作，手套表面不得有刀伤、擦伤、虫伤等残缺现象，手套单层的厚度不小于 0.8mm，手套用皮的铬含量不少于 3.5％，不允许使用能遮蔽缺陷的方法处理手套用皮，不允许使用刺激皮肤的化合物处理手套用皮。

一般的防酸碱手套与抗化学物的防护手套并非等同，皮革或缝制的工作手套也不适合处理化学品，由于许多化学品对手套材质具有不同的渗透能力，所以需要考察实验项目涉及的化学品，以选择合适的防化学品手套。此外，选用手套时，应考虑化学品的存在状态（气态、液体）浓度以确定该手套能否抵御该浓度，如由天然橡胶制造的手套可应付一般低浓度的无机酸但不能抵御浓硝酸或浓硫酸，橡胶手套对病原微生物、放射性尘埃有良好的阻断作用。选用手套时还应考虑厚度、韧性、使用条件、耐用性等多方面的影响，选用适合实验的护具，若选用规格不符合则会产生实验时操作不便或不能起到防护作用。

在戴手套感到妨碍操作且接触的实验材料对皮肤的伤害轻微的情况下，也可选用防护油膏作为防护。干酪素防护膏可对有机溶剂、油漆和染料等有良好的防护作用。对酸碱等水溶液可用由聚甲基丙烯酸丁酯制成的胶状膜液，涂布后即形成防护膜，洗脱时可用乙酸乙酯等溶剂。防护膏膜不适于有较强摩擦力的操作。

在处理有害物质或操作危险工序前应检查防护手套是否有损坏，在实验结束后，除下已污染的手套后要避免污染物外露及接触皮肤。一次性手套需消毒后再包好丢弃，避免交叉污染，重复使用的防护手套使用后要彻底清洁及风干。在实验中使用电话、接触门把手、洗手池等公共物品时一定要摘下手套，在接触实验材料或者操作仪器时必须戴手套。进行跨区域操作时则需要更换手套。

在实验结束后经常需要对手部进行清洗消毒。一般常用的自动式洗手开关，流动水冲洗手部多次，然后用液体皂滴在手上，反复搓手，再用水彻底冲洗（动作轻柔，水不要开得太大），在清洗完毕后，用干净的纸巾或手巾擦干，可以用75%的酒精擦手来清除双手的轻度污染，在没有洗手池的地点，可以使用含酒精的“免洗”手部清洁产品替代。

图7.3 防护手套使用提醒标识

防护手套要放在干燥、避光、恒温的环境中保养。当有大量化学物质残留时，要用适当的溶剂清洗，但要避免使用腐蚀性清洗液。手套洗干净后要充分晾干，除非有制造商指示，切勿用电吹风或烘箱等烘干手套，否则会使手套快速老化。正确的使用和保养方法，可以适当地增加防护手套的使用寿命（图7.3）。

7.6 耳的保护

在实验中对耳朵的保护也是相当重要的，护具除了可以保护耳朵免受外部伤害之外，还对听力的保护起到关键的作用。实验室中由于各种机械运转、排气放空、蒸汽及空气吹扫等，现场噪声可能达到80～100dB。为了减轻噪声对施工人员身体的不良影响，排除噪声给施工过程带来的干扰，在无法消除噪声源的情况下，通过佩戴不同的耳部防护设备，可将噪声降低20～60dB。市售的防噪声用品有：硅橡胶耳塞、防噪声耳塞、防噪声棉耳塞、防噪声耳罩和防噪声头盔。这些防噪声用品分别由特殊硅橡胶、软橡胶、塑料、超细玻璃纤维、泡沫塑料及海绵橡胶等材料制成，分别适用于不同的噪声环境，有各自不同的特点，可根据需要选择使用。当实验过程中出现潜在噪声，则需要为实验人员配备耳塞、耳罩、头盔等个人防护用品，这也是防止噪声危害的最后一项措施。在使用前也需要有专门人员进行指导并监督使用。若实验者需要长期处于噪声环境，则应定期对其进行听力检测，发现听力异常则需及时进行休息和治疗，若听力出现损害则应调换岗位。实验室常用听力护具系列产品主要有耳塞、耳罩和帽盔三类。

耳塞：为插入外耳道内或置于外耳道口的一种栓，常用材料为塑料和橡胶。按结构外形和材料分为圆锥形塑料耳塞、蘑菇形塑料耳塞、伞形提篮形塑料耳塞、圆柱形泡沫塑料耳塞、可塑性变形塑料耳塞和硅橡胶成型耳塞、外包多孔塑料纸的超细纤维玻璃棉耳塞、棉纱耳塞。对于耳塞的要求为：应有不同规格的适合于各人外耳道的构型，隔声性能好、佩戴舒适、易佩戴和取出，又不易滑脱，易清洗、消毒、不变形等。

对防噪声耳塞，一般有下列要求：形如子弹头，表面光滑，回弹慢，使用时耳朵没有胀痛感，隔音效果为 29dB。切记耳塞塞入耳朵前，要将耳朵向上向外拉起，放到正确位置才能发挥最佳效果。塞入、取出时应轻柔、缓慢、旋转塞入、取出，切忌猛塞猛拉（图 7.4）。

图 7.4　隔音耳塞

在防噪设备中，耳塞因其携带佩戴方便，价格经济，性价比高，是最常用的一种设备。采购员在采购中应选用质地柔软、佩戴舒适、耐用的耳塞。合格的耳塞可以降低低频噪声 10～15dB，降低中频噪声 20～30dB，降低高频噪声 30～40dB。

耳罩：常以塑料制成，矩形杯状或碗状，内具泡沫或海绵垫层，覆盖于双耳，两耳间连以富有弹性的头架适度紧夹于头部，可调节，无明显压痛，舒适。要求其隔音性能好，耳罩壳体的低限共振率越低，防声效果越好（图 7.5）。

防噪声帽盔：能覆盖大部分头部，以防强烈噪声经骨传导而达内耳，有软式和硬式两种。软式质轻，热导率小，声衰减量为 24dB，缺点是不通风。硬式为塑料硬壳，声衰减量可达 30～50dB（图 7.6）。

图 7.5　耳罩

图 7.6　防噪声帽盔

对防噪声工具的选用，应考虑作业环境中噪声的强度和性质，以及各种防噪声用具衰减噪声的性能。各种防噪声用具都有一定的适用范围，选用时应认真按照说明书使用，以达到最佳防护效果。

7.7 头部及其他部位的保护

在实验室中对操作者除了以上防护要求，还有其他方面的要求，如：头部防护和身体其他部位的防护。头部伤害是指从 2～3m 以上高处坠落时对头部造成的伤害，以及日常工作中对头部的伤害，头部防护的主要产品有安全帽和安全头盔。按材质分为玻璃钢安全帽、ABS 安全帽、PE 安全帽。身体防护是为了保护实验者免受劳动环境中的物理、化学因素的伤害，主要分为特殊防护服和一般作业服两类。防坠落用具用于防止坠落事故发生，主要有安全带、安全绳和安全网。护肤用品用于外露皮肤的保护，分为护肤膏和洗涤剂。

安全帽可保护施工人员免受或减轻飞来或落下物体对头部的伤害。在实验室，为防止意外飞溅物体伤害、撞伤头部，或防止有害物质污染，操作者应佩戴安全防护头盔。我国国家标准对安全头盔的形式、颜色、耐冲击、耐燃烧、耐低温、绝缘性等技术性能有专门规定，防护头盔多用合成树脂类橡胶等制成。根据用途，防护头盔可分为单纯式和组合式两类。单纯式有一般建筑工人、煤矿工人佩戴的帽盔，用于防重物坠落砸伤头部，机械、化工等工厂防污染用的以棉布或合成纤维制成的带舌帽亦为单纯式。组合式主要有电焊工安全防护帽、矿用安全防尘帽、防尘防噪声安全帽。化学操作人员使用的通用型安全帽，由聚乙烯塑料制成，可耐酸、碱、油及化学溶剂，可承受 3kg 钢球在 3m 高度自由坠落的冲击力（图 7.7）。

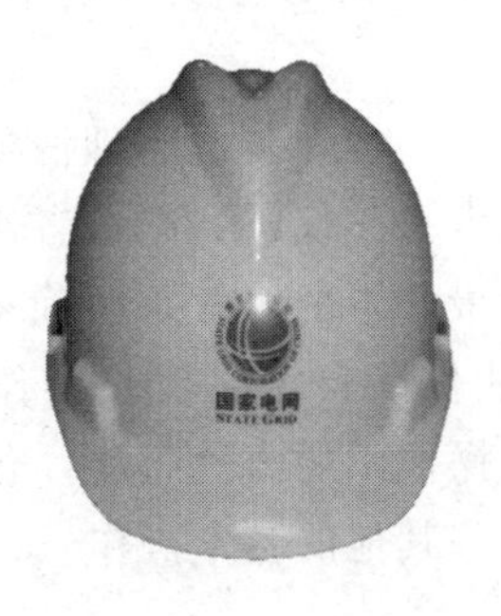

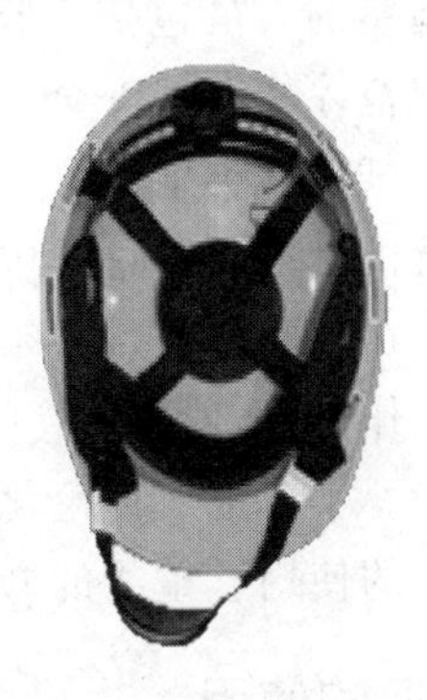

图 7.7 防冲击头盔

安全帽在使用前要检查是否有国家指定的检验机构检验合格证，是否达到报废期限（一般使用期限为两年半），是否存在影响其性能的明显缺陷，如：裂纹、碰伤痕迹、严重磨损等。不能随意拆卸或添加安全帽上的附件，也不能随意调节帽衬的尺寸，以免影响其原有的性能。安全帽的内部尺寸如垂直间距、佩戴高度、水平间距是有严格规定的，它直接影响安全帽的防护性能。不能私自在安全帽上打孔，不能随意碰撞安全帽，不能将安全帽当板凳坐，以免影响其强度。受过一次强冲击或做过试验的安全帽不能继续使用，应予以报废。安全帽应端正戴在头上。帽衬要完好，除与帽壳固定点相连外，与帽壳不能接触。下颚带要具有一定强度，并要求系牢不能脱落。

女性防护帽对头发起保护作用，使头发不受灰尘、油烟和其他环境因素的污染和避免头发被卷入转动设备的传送带或滚轴里面。使用时要认真做好防护措施，帽体一定要戴正，要把头发全部罩在帽中，以免头发露在外面而降低防护作用。2011 年，耶鲁大学一女生在实验室实验过程中因头发卷入设备窒息而亡。

在实验室中需要穿工作服或者相应级别的防护服，在离开实验室时必须脱下防护服留在实验室内消毒处理，不得穿出实验区域外，不能够二次使用的在消毒处理后统一丢弃且需记录。在安全级别较高的实验室会要求换上全套的实验室服装，包括内衣、衬衣、外套、鞋、手套，也会配备专门的更衣室和淋浴室。在处理具有腐蚀性的化学药品或者有特殊危险性的情况下需要穿上指定的防护服装，这些服装具有充分的保护作用，在舒适度和行动方面也有一定的要求，对于清洁性方面的要求也较高。石棉衣服可以隔热和防烫伤；皮质和橡胶质地的衣服可以防止一定的机械伤害，合成橡胶、塑胶、塑胶等材质的则可以防液体、烟尘。

在特定情况下需要注意足部的防护，和防护手套类似，防护鞋靴的防护功能也多种多样，包括防砸、防穿刺、防水、抗化学物、绝缘、抗静电、抗高温、防寒、防滑等。在搬运重物时，物体可能砸伤脚面，需要穿戴防撞击鞋子；如区域存在钉子、尖锐金属、碎片，需要防刺伤鞋；在地面潮湿的场所或操作拖车等设备时需要穿防滑鞋；在化学实验室，防护鞋靴要对酸碱和腐蚀性物质有一定的抵御性。防护鞋表面不应有能够积存尘埃的皱褶，以免积存尘埃。

7.8 实验室安全操作规范

所有进出实验室的人员包括实验室访问者都需熟悉和遵守实验室相关的规则和操作，良好的安全操作规范才能造就安全的实验环境。

化学实验室中试剂种类繁多，各种仪器设备复杂多样，若没有理清化学实验室基本操作的注意事项，就极易在实验过程中出现事故，轻者打碎仪器，严重者甚至会对自身安全造成损伤。因此，在实验之前，必须对所做实验有最基本的了解，明确每一步应该完成的任务，清楚实验操作的注意事项，只有这样，才能保障自己在实验操作过程中不出现失误，并且数据准确。本节主要讨论化学实验室基本操作中的注意事项，包括玻璃器皿的使用、高温高压设备的使用、重物的搬运转移以及一些其他的基本操作。

7.8.1 玻璃器皿的使用

玻璃器皿是实验室常用的工具，由于玻璃器皿容易发生破碎，所以要小心进行操作，防止割伤、化学试剂泄漏而引发感染、中毒、起火、爆炸等事故。2009 年 10 月 24 日下午 1 时许，北京海淀区某大学 5 号教学楼 9 层发生爆炸事故，造成一名老师、两名学生和两名设备公司人员受伤。下午 4 时许，伤者被转至北医三院急诊手术室。他们都是脸部及上肢受伤，缠着厚厚的绷带，鲜血仍不断渗出。5 人均为玻璃、碎片等碎屑割伤，无生命危险。据当事人介绍，爆炸的厌氧培养箱为新购进的设备，调试中因压力不稳引发了事故。

使用玻璃器具造成的事故很多，其中大多数为割伤和烧伤，为了防止这类事故的发生，必须充分了解玻璃的性质。玻璃摩氏硬度为6～7，但质地脆弱，断口成贝壳状，犹如锋利的刀刃。虽然抗压力强，但张力弱，很易折断。玻璃的导热、导电性差，如果有局部温差，则变脆而容易碎裂，因而厚壁玻璃不能加热。*长时间存放的玻璃一经受热即由透明变成白色浑浊且变脆。*

可以加热的玻璃器皿有试管、烧杯、烧瓶（圆底烧瓶、平底烧瓶）、蒸馏烧瓶（圆底蒸馏烧瓶、平底蒸馏烧瓶）、锥形瓶。在使用时不能加热，但可以在不加热的条件下进行化学反应的玻璃器皿有启普发生器、集气瓶、表面皿、干燥管。在使用时不能加热，也不能在其中进行化学反应的玻璃器皿有胶头滴管、分液漏斗、长颈漏斗、量筒、酸式滴定管、碱式滴定管、干燥器、试剂瓶、滴瓶、冷凝管。

玻璃器皿在使用前需要仔细检查，避免使用有裂痕的器皿。对于减压、加压或加热操作场合，更要认真进行检查。烧杯、烧瓶及试管之类的仪器，因其壁薄，力学强度很低，用于加热时必须小心操作。吸滤瓶及洗瓶之类的厚壁容器，往往因急剧加热而破裂。烧杯、烧瓶内放入固体物时，要防止固体物撞破容器底部。操作时，要把容器略微倾斜然后将固体物慢慢滑入。平底的薄壁三角烧瓶，绝不可用于减压操作，因其破裂的可能性很大。内壁有裂痕的玻璃管，加热时容易破裂，应避免使用。将玻璃管或温度计插入橡皮塞或软木塞时，常常会折断而使人受伤。为此，操作时可在玻璃管一端蘸些水或涂上碱液、甘油等作润滑剂，然后左手拿着塞子，右手拿着玻璃管，边旋转边慢慢地把玻璃管插入塞子中。此时，右手拇指与左手拇指之间的距离不要超过5cm。并且，最好用毛巾保护着手较为安全。打开密闭管或者紧密塞着的容器时，因其有内压，如果操作不正确往往发生喷液和爆炸事故。在使用玻璃管时，如需加热则一定要预热，防止骤冷骤热导致玻璃仪器破裂。当需要进行封塞处理时，切不可将过于大的橡胶塞等物体强行塞入玻璃仪器，且在塞入前最好使用甘油或惰性油脂进行润滑处理。当玻璃管加热时不可将管口冲向人。在使用需要长时间加热等处理的玻璃仪器时，要有牢靠的支架固定，例如三脚架等支撑设备。在移动加热后的玻璃器具时需要确定已经冷却（防止烫伤），或者使用钳子或石棉手套等辅助设备。真空玻璃瓶稍有损伤便会发生爆炸性的破裂，因此不要把手放入瓶里，也不要将脸靠近真空瓶口。启开安瓿瓶时，要使其充分冷却，然后用毛巾等把它紧裹，瓶口向前，再用搓刀搓出凹痕，随即可把它打开。

玻璃器材在使用后必须检查是否有损害，当发现损坏后需要放置到指定地点统一处理，不可单独随意放置，损坏严重的碎片需要由特定的容器盛放。

盛放反应物质的玻璃器皿经过化学反应后，往往有残留物附着在器皿的内壁。一些经过高温加热或放置反应物时间较长的玻璃器皿则很难清洗。使用不干净的器皿不仅会影响实验效果，甚至会让实验者观察到错误现象，归纳、推理出错误结论。因此，实验使用的玻璃器皿使用后必须洗涤干净。

在用有机溶剂清理玻璃仪器的时候，应在特设的房间内进行操作，或者在通风良好的房间进行。如果用酸性等具有腐蚀性的试剂进行清理工作，应该强制使用护目镜，防腐蚀手套等必需装备，在清理过程中一定要注意所用的清理试剂是否会与容器中的残留液体发生反应，避免二次反应造成的伤害。清理玻璃器皿中的物质时，若残留的为危险的苛性物质，则由专门的人员进行处理或者经过培训后进行处理。而用玻璃仪器做实验的人员需要在实验完毕后将危险化学药品去除，并且放到指定位置，如活泼金属钠、钾、某些过氧化物等，这些物品的处理则要有特定的处理方法。

玻璃器皿使用后的常见处理包括清洗和烘干两步。

(1) 玻璃器皿的清洗

在一般情况下，可选用市售的合成洗涤剂对玻璃器皿进行清洗。当器皿内壁附有难溶物质，用合成洗涤剂无法清洗干净时，应根据附着物的性质，选用合适的洗涤剂。如附着物为碱性物质，可选用稀盐酸或稀硫酸，使附着物发生反应而溶解；如附着物为酸性物质，可选用氢氧化钠溶液，使附着物发生反应而溶解；若附着物不易溶于酸或碱，但易溶于某些有机溶剂，则选用这类有机溶剂作洗涤剂，使附着物溶解。例如：久盛石灰水的容器内壁有白色附着物，选用稀盐酸作洗涤剂；做碘升华实验，盛放碘的容器底部附着了紫黑色的碘，用碘化钾溶液或乙醇浸洗；久盛高锰酸钾溶液的容器壁上有黑色附着物，可选用浓盐酸作洗涤剂；器皿的内壁附有银镜，选用硝酸作洗涤剂；油垢则可以用热的纯碱溶液进行清洗。

对附有易于去除物质的简单器皿，如试管、烧杯等，用试管刷蘸取合成洗涤剂刷洗。在转动或上下移动试管刷时，须用力适当，避免损坏器皿及划伤皮肤。然后用自来水冲洗。当倒置器皿，器壁形成一层均匀的水膜，无成滴水珠，也不成股流下时，表明已经洗净。对附有难去除附着物的玻璃器皿，在使用合适的洗涤剂使附着物溶解后，去掉洗涤残液，再用试管刷刷洗，最后用自来水冲洗干净。一些构造比较精细、复杂的玻璃器皿，无法用毛刷刷洗，如容量瓶、移液管等，可以用洗涤液浸洗。

以酸式滴定管为例，介绍其洗涤方法，操作如下：洗涤开始，先检查活塞上的橡皮盘是否扣牢，防止洗涤时滑落破损；注意有无漏水或堵塞现象，若有则予以调整。关闭活塞，向滴定管中注入洗涤液 2～3mL，慢慢倾斜滴定管至水平，缓慢转动滴定管，使内壁全部被洗涤液浸润。竖起滴定管，再旋开活塞，放出洗涤液，这样可以使活塞的人字段也能被冲洗到。最后用自来水冲洗，同样从活塞下部的尖嘴放出，不可为节省时间将液体从上端管口倒出。洗净标准如前所述。

(2) 玻璃器皿的干燥

实验中用到的玻璃和塑料器皿经常需要干燥，通常都是用烘箱或烘干机在 110～120℃ 进行干燥，不要用丙酮冲洗后吹干的方法来干燥，因为那样会有残留的有机物覆盖在器皿的内表面，从而干扰生物化学反应。硝酸纤维素离心管加热时会发生爆炸，所以决不能放在烘箱中干燥，只能用冷风吹干。

7.8.2 高温高压设备的使用

(1) 高温设备的使用注意事项

使用高温装置的实验，要求在防火建筑内或配备有防火设施的室内进行，并保持室内通风良好。在非专业防火建筑内使用高温设备时，需按照实验性质配备最合适的灭火设备——如沙子、泡沫或二氧化碳灭火器等。不得已将高温装置放置在耐热性差的实验台上进行实验时，装置与台面之间要保留 1cm 以上的间隙，以防台面着火。按照操作温度的不同，选用合适的容器材料和耐火材料，选定时亦要考虑到所要求的操作环境及接触的物质的化学性质。高温实验禁止接触水。如果在高温物体中混入水，水即急剧汽化，发生所谓水蒸气爆炸。高温物质落入水中时，也同样产生大量爆炸性的水蒸气而四处飞溅。

使用高温装置时，衣服有可能会被烧着，因而要选用能简便脱除的服装。使用的手套必须是干燥好的，如果手套潮湿，导热性即增大，同时，手套中的水分汽化变成水蒸气而有烫伤手的危险，故最好用难于吸水的材料做手套。需要长时间注视赤热物质或高温火焰时，要戴防护眼镜，所用眼镜，使用视野清晰的绿色眼镜比用深色的好。对发出很强紫外线的等离子流焰及乙炔焰的热源，除使用防护面罩保护眼睛外，还要注意保护皮肤。处理熔融金属或熔融盐等高温流体时，还要穿上皮靴之类的防护鞋。

高温设备应经常检查温控系统是否工作正常，不得在加热设备附近堆放易燃杂物、化学药品、气体钢瓶，不准用烘箱干燥易燃易爆产品。烘箱（干燥箱）和马弗炉一般使用年限为12年，实验室原则上不得超期使用加热设备。

(2) 高压装置使用注意事项

高压装置一旦发生破裂，碎片即以高速度飞出，同时急剧地冲出气体而形成冲击波，使人身、实验装置及设备等受到重大损伤，同时往往还会导致易燃、助燃气体或放置在其周围的药品引起火灾或爆炸等严重的二次灾害。

当涉及高压实验时，需充分明确实验目的，熟悉实验操作的条件，选用适合于实验目的及操作条件要求的装置、器械种类及设备材料。购买或加工制作上述器械、设备时，要选择质量合格的产品，并要标明使用的压力、温度及使用化学药品的性状等各种条件。评估实验特别危险时，需采用遥测、遥控仪器进行操作，同时要定期检查安全器械，要预先采取措施，即使由于停电等原因而使器械失去功能，也不能发生事故。

在使用高压设备之前一定要全面地对设备进行了解，如：内容物、工作的温度和条件、容器的质地材料、有效的容积。在进行压力校检时要注意材料是否变形，校检压力至少应该是实际操作压力的1.5倍，且应定时校对并做好记录。高压釜上面所装置的压力表是直观反映压力的重要区域，必须将安全阀调节在校检压力的2/3以下。在使用时注意容器的有效容积，不可超出体积盛载。高压装置使用的压力，要在其试验压力的2/3以内的压力下使用（但试压时，则在其使用压力的1.5倍的压力下进行耐压试验）。要确认高压装置在超过其常用压力下使用也不漏气，而且，倘若漏气了，也要防止其滞留不散，要注意室内经常换气。实验室内的电气设备，要根据使用气体的不同性质，选用防爆型之类的合适设备。

实验室内仪器、装置的布局，要预先充分考虑到倘若发生事故，也要使其所造成的损害限制在最小范围内。涉及高压实验的实验室三面需用厚的防护墙，而另一面则用通风的薄墙，屋梁也要用轻质材料制作。高压装备的放置应该在特定的位置，一般靠近墙壁，妥善进行安全保管，一旦发生故障，确保不会伤害到人。在实验室的门外及其周围，要挂出标志，以便局外人也清楚地知道实验内容及使用的气体等情况。

由于高压实验危险性大，所以必须在熟悉各种装置、器械的构造及其使用方法的基础上，然后才谨慎地进行操作。在进行高压或者真空实验时会用到一些仪器，如玻璃仪器或盛放气体等容器，这些容器必须有足够的物理强度，在进行这类操作的时候一定要佩戴护目镜。在操作开始后，要远离高压设备，但不可离开。在每次使用完毕后，必须把高压釜上的压力表和安全阀进行再次检查，并做好记录备份，同时进行清理，便于下一次使用。当用高压设备进行摸索性实验时（对某种物质的性能不知道或者知道的不详细），在实验前一定要充分了解所用材料的操作温度，以及超过一定温度后所面临的问题，对实验危险性进行充分调研，且需要有相关主管批准签字。

在进行真空操作时需要注意一些特定的细节，如：要确保装在真空仪器上的胶皮塞头不会被吸到瓶体（干燥器、试管、烧瓶等）内部。在开启真空仪器前应让其自然冷却至室温，然后小心开启，切不可用水直接进行降温处理。盛有液体的玻璃管，在特定情况下需要在外面套上金属管，在开启时用布裹住，并配备安全屏障和护目镜等防护装备。

7.8.3 重物的搬运转移

在搬运重物时需要由受过充分训练的人员负责，否则发生危险的概率会增大。在所搬运物品的外表面需要张贴明显的标志，如防倒置、易碎、勿摔等，且需要注明所盛放物品的具体名称。当有标志存在的时候必须确保内置物品为标志所写，如果没有任何标志，则在搬运过程中一定要轻拿轻放，不可进行抛掷等暴力操作，以免发生危险。

具有危险性的物品一般不宜在高处，且物品的表面应该有明显的标志，给予搬运者足够的警惕。沉重的物品也一样应该放在离地板接近的地方，不宜放在不牢靠的支架等地方。

在高处拿下重物时候，不可使用椅子或者凳子等易翻倒的装置，应该使用可靠的梯子，如果在搬运重物的时候跌落不仅会造成摔伤，而且重物有可能对身体造成砸伤，因此一定要注意这一点。

当重物由木箱盛放时，确保木箱或其他外皮包装的完整和牢固性，防止在搬运过程中因为放置时间久导致底部脱落而造成砸伤。

在大多数搬运情况下，我们都需要佩戴手套，不仅可以防止磨伤手指，还有防滑的作用，亦可防止在搬运过程中出现脱落等情况。在搬运重物过程中有时候需要用到拖车和滑车相关的搬运工具，在使用此类工具的时候一定要穿戴相关的装备，如手套和防护鞋，避免机械冲击造成的机械损伤或由于车轮等造成的轧伤和砸伤。

7.8.4 其他实验室常用的操作规范

规范的实验操作和实验习惯是科研工作者必须具备的基本素质。每个重大事故后都有必然的原因，绝大多数都是不良的实验习惯和不正确的操作造成的。2009 年 7 月 3 日 12 时 30 分许，某校化学系博士研究生袁某发现博士研究生于某昏厥在催化研究所 211 室，便呼喊老师寻找帮助，于 12 时 45 分拨打 120 急救电话，袁某本人随后也晕倒在地。12 时 58 分 120 急救车将于某和袁某送往医院。13 时 50 分医院急救中心宣布于某抢救无效死亡，袁某留院观察治疗，次日出院。经调查发现，该校化学系教师莫某、另一高校教师徐某，于事发当日在化学系催化研究所做实验时，误将本应接入 307 实验室的一氧化碳气体接至通向 211 室的通气管。在实验现场发现实验仪器和输送管杂乱无序，标志极其不明显，是造成事故的最主要原因。因此，整洁有序是实验安全进行的重要保障。

（1）良好的实验习惯

不可以在实验室吃东西，不能把烧杯当作茶杯使用，不能把实验室的器皿用作盛放日常用品的工具，反之亦然。不可以用有机溶剂直接清洗皮肤，应该使用合格的肥皂。当实验区域的地板上、实验台上或设备上有水或化学品，应该立即将它们清除，有些高浓度的化学试剂应先进行中和或稀释后才可以直接清理。实验室必须配备废物桶，可以用来盛放破碎的玻璃仪器等需要丢弃的废物，应该每天将它们处理掉。

不要在工作台上放置过多的瓶子、试剂、仪器，保持清洁。多余的仪器应该放在储藏室或者柜子里，而不是放到实验台上，用过的仪器，如移液管不可以乱放到桌子上，应放到载物台上，如此可以避免交叉污染。仪器使用完毕后应立即清理，不可以久置。如当酒精灯不使用时需要及时熄灭，注意不要用嘴吹灭灯焰。

经常性自觉检查仪器、管道、橡胶管等，确保没有老化，时常留心周围的实验环境，当出现极端天气时应考虑潜在发生的危险，并及时排除。检查电气设备，在有限范围内查看它们的配置是否合理，装置是否安全，接地线是否配备，是否出现超载的情况。在使用可移动的电器设备时，检查线头和线是否有破损，插头是否松动，电线是否过长，是否沾水，在更改电路时要由专门的电路改装人员进行操作，即使是看起来比较简单的线路也不可私自改装。电水不容，当通电设备出现意外的水珠水流时，我们首先要做的就是切断电源。不熟悉的仪器一定要由专门人员进行调试，不可自己进行摸索。

(2) 实验室常用的操作规范

① 实验室药品的取用　化学实验室里有很多潜在危险，因此在取用药品时应多加注意，一定要坚持以下三个取用药品的原则：切勿用手接触药品量取；固体药品可以利用纸条或药匙；量取液体药品时可以采用量筒或胶头滴管。切勿将鼻子接近盛装药品的瓶子，若实验中有要求，可以采用招气入鼻法。切勿品尝任何药品试剂的味道。药品的取用：取用粉末状固体药品用药匙或纸槽，取用块状固体药品用镊子。取用固体药品和取粉末状药品操作要点：“一倾、二送、三直立”；取块状药品操作要点：“一横、二放、三慢竖”；倾倒液体药品操作要点：瓶塞倒放，标签对着手心，试剂瓶口紧挨试管。

在实验室取用药品过程中，一定要注意节约实验药品。若实验没有说明取用药品的具体用量，液体一般取用1～2mL，固体只需盖满试管底部即可。剩余药品“三不”原则：剩余药品不可放回原试剂瓶内，以免污染药品；剩余药品不能随意丢弃，以免对周围环境造成污染；剩余药品不能拿出实验室，要放入指定容器内。

② 固体试剂和液体试剂的称量

a. 固体试剂称量的注意事项。化学实验室一般选用托盘天平和药匙作为粗略称量固体药剂的工具，托盘天平使用的注意事项主要有以下几点。

ⓐ 左物右码。称量物品放在托盘天平左侧，砝码放在右侧，取用砝码时不能用手直接触碰，须用镊子夹取，并遵循先大后小的原则；取用完毕后，需将砝码放回砝码盒，并将游码调零。

ⓑ 任何药品不能直接放在托盘上称量，干燥的物品放在纸片上称量，潮湿的试剂需放在玻璃器皿上称量。计算时将纸片和玻璃器皿的重量去除。

ⓒ 称量顺序。称量未知药品的重量时，一定要先放药品，再放砝码，最后调节游码，得出具体重量数值。

b. 液体试剂称量的注意事项。少量液体一般选择胶头滴管量取，在使用胶头滴管时一定要注意以下几点。

ⓐ 不能将胶头滴管接触到容器内壁；

ⓑ 不能放平和倒拿；

ⓒ 不能随意放置；

ⓓ 未清洗的胶头滴管不能吸取别的试剂。若量取一定量的液体试剂，一般选用量筒量取，在量取时应注意在接近刻度时改用胶头滴管，读数时，视线应该与刻度线及凹液面的最低处保持水平。

③ 物质的加热　加热过程中可使用的仪器以及不可使用的仪器如下。

a. 可在酒精灯上直接加热的仪器：试管、蒸发皿；不可在酒精灯上直接加热的仪器：

烧杯、烧瓶（可以利用石棉网均匀受热）。

b. 不能在酒精灯上加热的仪器：量筒、漏斗、集气瓶（易引起爆炸）。

c. 可用于固体加热的仪器：试管、坩埚。

d. 可用于液体加热的仪器：试管、烧杯、蒸发皿、烧瓶、锥形瓶。

在加热时需要注意：加热试管时，应先均匀加热，再局部加热。用试管加热液体时，试管夹应夹在试管的 1/3 处，且所盛液体不能超过试管容积的 1/3～2/3，加热时与桌面成 45°，并且注意不能将试管口对准人，以免过热的水蒸气烫伤人。烧杯、烧瓶加热时，盛液量均在容积的 1/3～2/3 处。蒸发皿加热液体时，液体量不宜超过容积的 2/3。酒精灯加热时，利用外焰加热，因为外焰比内焰的温度要高，节省时间。在使用过程中，不能向酒精灯内添加酒精，以免引起火灾。酒精灯使用完毕后，不能用嘴熄灭，要用盖子盖灭。

④ 仪器的洗涤　先将仪器内的废液倒入指定的容器内，用自来水振荡洗涤，再用刷子进行清洗，清洗干净后，最后用蒸馏水冲洗干净，并且扣放在指定位置，以备下次使用。在用刷子清洗的过程中，不能用力过猛，仪器大多是玻璃制品，用力过猛极易导致仪器毁坏。当内外壁附着的水滴既不聚成水滴，也不成股流下，则标志仪器已经冲洗干净。

⑤ 装置气密性检查　先将导管浸入水中，再用手握住容器，如果装置不漏气，导管口应有气泡产生；把手移开，导气管里会形成一段水柱。至于有长颈漏斗的制气装置，有多种方法，一般可用弹簧夹夹住胶皮管，从长颈漏斗中加水，如果形成水柱且不下降，则气密性良好。

⑥ 过滤　需要的仪器有铁架台（带铁圈）、烧杯、玻璃棒、漏斗。注意事项有以下几点。一贴：滤纸紧贴漏斗内壁。二低：滤纸低于漏斗边缘；液面边缘低于滤纸边缘。三靠紧：烧杯尖嘴靠紧玻璃棒；玻璃棒靠紧三层滤纸；漏斗下端管口尖端靠紧烧杯内壁。玻璃棒作用：引流，使液体沿玻璃棒流进过滤器。过滤失败原因分析：滤纸破损或玻璃仪器不干净或液面边缘高于滤纸边缘等。

⑦ 蒸发　需要的仪器有三脚架、蒸发皿、酒精灯、玻璃棒、坩埚钳。注意事项：蒸发皿内液体体积不能超过蒸发皿溶剂的 2/3；加热时用玻璃棒不断搅拌；蒸发皿内出现较多固体时，停止加热，利用蒸发皿余热蒸干，并用坩埚钳取下灼热蒸发皿。玻璃棒作用：搅拌，防止局部温度过高造成液体飞溅。

⑧ 溶液的配制　如果溶质是固体时，所需仪器有：托盘天平、量筒、烧杯、玻璃棒、药匙、胶头滴管；如果溶质是液体时，所需仪器有：量筒、烧杯、玻璃棒、胶头滴管。配制步骤：计算、称量（量取）、溶解、装瓶保存（贴上标签，内容包括：溶液名称和溶质质量分数）。

实验误差分析：

a. 所配溶液溶质质量分数偏小，可能是水算多了；溶质算少了；天平未调零；砝码破损；天平读数有问题；药品和砝码放颠倒了；左盘放纸片，右盘没放纸片；量取时仰视读量筒刻度；烧杯不干燥或烧杯有水；量筒中的液体溶质未全部倒出；向烧杯转移固体溶质时，有一部分溶质洒落烧杯外；溶质中含有杂质。

b. 所配溶液溶质质量分数偏大，可能是称量时所用砝码已生锈或沾有油污；调零时砝码未放回“0”刻度；量取溶剂时俯视读量筒刻度。

⑨ 浓硫酸的稀释　所需仪器：烧杯、玻璃棒。稀释方法：将浓硫酸沿烧杯壁慢慢倒入盛有水的烧杯中，并用玻璃棒不断搅拌。切不可将水倒入浓硫酸中。玻璃棒作用：搅

拌，使产生的热量迅速散开。

⑩ 仪器的连接与拆卸 仪器的连接操作注意要点是：左手拿待插入部分，右手拿插入部分，先润湿，稍用力转动插入就可以。将橡皮塞塞进试管口时，应慢慢转动塞子使其塞紧。塞子大小以塞进管口的部分为塞子的1/3为合适。拆时应按与安装时的相反方向稍用力转动拨出。连接顺序：从左到右，从下到上。拆卸顺序：从右到左，从上到下。

⑪ 固体溶解 注意操作时先要将烧杯平放在桌面上，然后加入所需溶解的固体，再加入适量水，这时拿住玻璃棒一端的1/3处，玻璃棒另一端伸至烧杯内液体的中部或沿烧杯内壁交替按顺时针和逆时针方向做圆周运动，速率不可太快，用力不可大，玻璃棒不能碰撞烧杯内壁发出叮咚之声。

参考文献

[1] 陈行表，蔡凤英．实验室安全技术［M］．上海：华东化工学院出版社，1989.

[2] 裴爱德斯．化学实验室安全手册［M］．北京：科学技术出版社，1957.

[3] 吕春绪．化验室工作手册［M］．南京：江苏科学技术出版社，1994.

[4] 马文丽，郑文岭．实验室生物安全手册［M］．北京：科学出版社，2003.

[5] 危险化学品．企业安全生产标准化基本规范［J］．林业劳动安全，2010，31（3）：11-15.

[6] 国家安全生产监督管理总局．危险化学品安全管理条例［J］．石油库与加油站，2002，24（2）：16-20.

[7]《国家安全生产法制教育丛书》编委会．劳动防护用品管理法规读本［M］．北京：中国劳动社会保障出版社，2010.

[8] 庞俊兰，孔凡晶，郑君杰．现代生物技术实验室安全与管理［J］．自然科学进展，2006（11）：1427.

[9] 孟博．生物实验室安全故事手记［M］．北京：科学出版社，2010.

第8章

实验室事故的应急处理及急救基础知识

前几章讲述了如何在实验室进行防护和避免事故的发生，但是有时候事故是不可避免的，事故发生时我们需要积极地面对，掌握事故的应急处理办法以及受伤后的急救知识。如此不仅可以将损失降到最低，在关键时刻往往能起大作用，尤其是急救知识，在一些急性中毒和休克事件中，很多由于急救不及时导致令人惋惜的结果，而急救往往是人人可以掌握的，必要时刻在救护车到来前我们都可以进行基本的应急处理，为伤者赢得最宝贵的时间。

8.1 事故的应急处理

良好运行的实验室在其建立之初或从事某项危险的实验活动之前，均应结合本单位实际，建立处置意外事件的应急指挥和处置体系，制订各种意外危险的应急预案并体现在实验室安全手册中，并不断修订，使之能满足实际工作的需要，有关应急预案应定期演练，使所有工作人员熟知。

8.1.1 应急处理预案

应急处理预案是指在发生突发事件时，能够在短时间内配备人力、物资和资源，迅速采取措施，把突发事件的损失减少到最低限度的一种措施或体系。实验室的应急处理预案包括：针对火灾、爆炸、触电、化学中毒、辐射泄漏和化学品或生物泄漏等事故的指挥体系、应急程序和物资准备；意外事故发生时的继续操作、人员紧急撤离和对动物的处理；人员暴露和受伤的紧急医疗处理，如医疗监护、临床处理和流行病学调查等。

实验室的显著位置应张贴以下电话号码及地址：单位负责人、管理部门（如保卫处和实验室管理部门）、实验室负责人、消防队、医院/急救机构/医务人员、警察和水、气、电的维修负责人等。实验室应根据实验室特点准备相应的应急物资，一般包括有：急救箱（常用的伤口处理药品和特殊的解毒剂等）、应急电话（安装在缓冲区）、工具（锤子、斧子、扳手、螺丝刀、绳梯等）、适合实验室使用的灭火器、灭火毯、房间消毒设备（喷雾器和甲醛熏蒸器等)、划分危险区域界限的器材和警告标示、全套防护服（连体防护服、手套和头套等)、有效防护化学物质和颗粒的全面罩式防毒面具和担架（此项非必须）等(图 8.1)。

图 8.1 应急处理设备

在进行应急操作时应该注意未穿防护服不能接触损坏的容器或漏出物质。破碎的玻璃或其他锐器要用镊子或钳子处理，并将它们置于可防刺透的容器（利器盒）中。含冷冻剂的破损包装件，因空气中的水蒸气冷凝可能生成水或霜。这些液体或固体可能已被污染，不要接触。如有液氮，避免冻伤，必须由受过培训的专业人员进行处理。如操作人员接触到泄漏的感染性物质，应立即脱掉污染的衣服和鞋，立即用流动的水冲洗接触部位皮肤，用对人体无害的消毒剂消毒接触部位，给卫生急救部门打电话，并告知卫生救护人员有关泄漏物质的情况，以便他们有意识地自身保护，将沾染感染性物质的人员转移至安全区域隔离（图 8.2）。

8.1.2 火灾及爆炸事故的应急处理

火灾是指在时间或空间上失去控制的燃烧所造成的灾害。在实验室各种事故中，火灾是最经常、最普遍的但往往也是伤害最严重的事故。火灾的发生时常会伴随有爆炸的危险。这就意味着救火时候的爆炸也将会导致二次事故的发生，事故应急措施得当能使损失降到最低。

火灾事故的应急处理主要包括扑救火灾、医疗救治、抢救贵重设备等任务。消防安全事故突发时要能及时有效地进行应急处置，所有实验人员在保证自身安全的情况下，服从专人指挥最大限度地保证师生人身安全和财产安全，按照“救人第一和快速有效”的处理

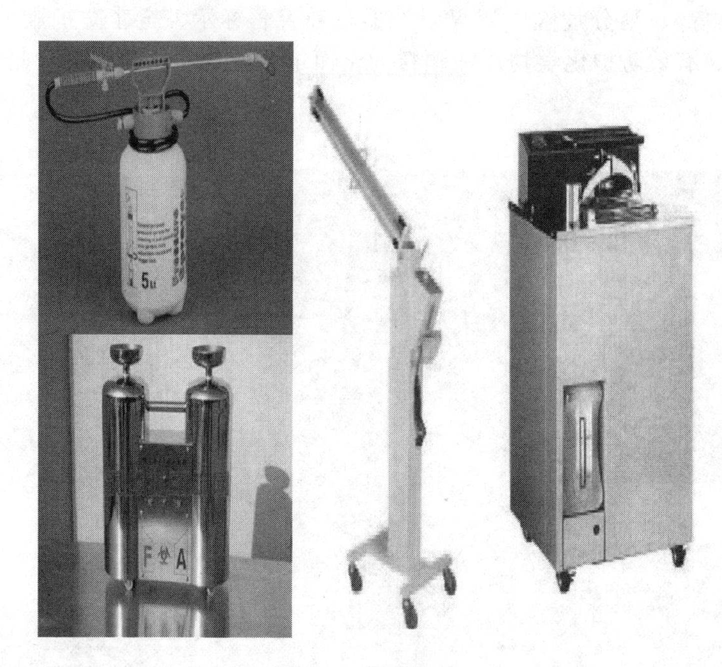

图 8.2　消毒设备

事故原则，及时灭火、抢险、消除险情、控制事态发展，将事故损失降低到最小。

实验室发生火灾时，由于火会导致大量的热和烟，在火灾或者爆炸发生时现场人员首先要保护自己的生命安全，在自己的能力范围内尽可能去营救他人和其他应急处理。

当发生事故时，我们需要拨打应急电话告知现场的紧急情况，请求援助。应急电话包括火警 119、急救 120 以及单位或企业负责人及安防部门。一般来说，单位或企业负责人对本单位的实验室或生产现状更清楚，对小范围化学火灾等事故的应急处理措施相比政府消防单位可以更有针对性和更及时，因此发生小型火灾等应急事故时，首先向直属上司和单位或企业负责人准确清晰汇报现场情况，单位或企业负责人及时准确地做出处理的决策，并赶赴现场指挥处理。如发生有人员受伤的情况，还需马上通知 120，寻求医疗援助；如有发生人员被困灾害现场，还需马上通知消防保卫部门营救被困人员。

事故现场人员按应急程序清楚上报后，应迅速组织义务消防队员实施灭火扑救。首先要切断电源，利用就近的灭火器、消防栓、铁锹等工具进行灭火，以足够的灭火力量和最快的速度消灭初起火灾。单位第一责任人在火灾发生后要及时抽调人员成立临时指挥组，负责调动人员、车辆、疏散、供水、医疗及抢救等工作，配合消防部门灭火，查明火灾原因及损失，并拿出处理意见，同时向治安防控中心汇报。救援组长负责指挥现场伤员的救治工作，必要时迅速拨打 120 急救中心。

火灾的应急处理主要包括以下几个方面。

① 火场救人　疏散人员，在疏散时使受困人员有秩序地撤离火场。寻找人员的方法和地点：进入室内主动呼喊，观察动静，注意倾听辨别哪里有呼救声、喘息声和呻吟声，要注意搜寻出口（如门窗、走廊等处）；在药品库、实验室和准备室寻人时，应特别注意设备和机器附近是否有被救助者。

救人的方法：对于神志清醒，但在烟雾中辨不清方向或找不到出口的人员，可指明通道，让其自行脱险，也可直接带领他们撤出；当救人通道被切断时，应借助消防梯、安全绳等设施将人救出；遇有烟火将人员围困在建筑物内时，应借用消防水枪开辟出救人的通道，并做好掩护；抢救人员也可以用浸湿的衣服、被褥等将被救者和自己的外露部位遮盖起来，防止被火焰灼伤。

② 转移物资　受到火势威胁的物资应予转移，如妨碍或影响火情侦察、灭火、抢救人员等行动的物资，应予转移；超过建筑物承重的物资，用水扑救会使建筑物内单位面积上的重量猛增，有引起楼板变形、塌落的危险时，应将物资转移到安全地带；有些物资因体积大、分量重或因数量多、火势迅猛而来不及转移的，可采用阻燃、防水材料遮盖或用水枪冷却等方法进行保护。

③ 警戒与治安　由保卫处负责在火灾事故现场周围建立警戒区域，实施现场通道封闭，维护火灾现场治安秩序，防止与应急救援无关的人员进入火灾现场，保障救援队伍、物资运输和人群疏散等交通的畅通。

④ 人群疏散与安置　在火灾事故应急预案中，应对疏散的紧急情况和决策、预防性疏散准备、疏散区域、疏散距离、疏散路线、疏散运输工具、安全庇护场所以及回迁等做出细致的规定和准备，应考虑疏散人群的数量、所需要的时间及可利用的时间、环境变化等问题。对已实施临时疏散的人群，要做好临时安置。

⑤ 应急行动组织善后、恢复　善后处理组由二级单位、人事处和财务处组成，负责伤亡人员家属的接待、安抚、抚恤和善后处理工作，后期还包括处理因事故引起的法律诉讼、保险索赔等事宜。应急抢险单位在火灾事故抢险工作结束后，对参与火灾事故应急的人员进行清点，使用的抢险物资与装备安排专人进行清点和回收。对使用现场配置的消防器材要及时补配到位。在充分评估危险和应急情况的基础上，经火灾事故指挥部批准，由现场指挥人员宣布应急结束。

8.1.3 中毒事故的应急处理

有毒化学品在使用、储存等过程中发生的急性中毒，多数是因为现场意外事故而引起，如设备损坏或泄漏致使大量毒物外溢等。急性中毒的特点是病情发生急骤、症状严重、变化迅速。因此，现场抢救人员若能及时、正确地采取有效措施，对于挽救中毒患者的生命、减轻中毒程度、防止并发症的产生、减少经济损失及社会影响都具有十分重要的意义。

8.1.3.1 急性中毒的现场处理程序

① 立刻拨打120及药品生产厂家委托的应急电话，咨询医生及专业咨询机构处理方法，并告知其引起中毒的化学药品的种类、数量、中毒情况（包括吞食、吸入或沾到皮肤上等）、侵入途径和大致病情以及发生时间等有关情况。事故现场如出现成批急性中毒病员时，应立即成立临时抢救指挥组织，以负责现场指挥，并立即通知医院做好急救准备。

② 救护者救护前应做好个人防护。急性中毒发生时毒物多由呼吸道和皮肤侵入体内，因此救护者在进入毒区抢救之前，要做好个人呼吸系统和皮肤的防护，穿戴好防毒面具、氧气呼吸器和防护服。尽快切断毒物来源。采取有效措施，尽快阻止毒物继续侵入人体，转移中毒者，若中毒较严重则需用毛巾等盖上患者身体进行保温。

③ 救护人员进入事故现场后，首先应采取果断措施（如关闭管道阀门、堵塞泄漏的设备等）切断毒源，防止毒物继续外逸。对于已经扩散出来的有毒气体或蒸汽应立即启动

通风排毒设施或开启门、窗等，降低有毒物质在空气中的含量，为抢救工作创造有利条件。

④ 在现场救助时应首先将急性中毒病人转移到安全地带，解开领扣，使其呼吸通畅，让病人呼吸新鲜空气；脱去污染衣服，并彻底清洗污染的皮肤和毛发，注意保暖。对于呼吸困难或呼吸停止者，应立即进行人工呼吸，有条件时给予吸氧和注射兴奋呼吸中枢的药物。心脏骤停者应立即进行胸外心脏按压术。现场抢救成功的心肺复苏患者或重症患者，如昏迷、惊厥、休克、深度青紫等，应立即送医院治疗。

8.1.3.2 不同类别中毒的救援

(1) 吸入刺激性气体中毒的救援

应立即将患者转移离开中毒现场，给予2%～5%碳酸氢钠溶液雾化吸入、吸氧。应预防感染，警惕肺水肿的发生；气管痉挛应酌情给解痉挛药物雾化吸入；有喉头痉挛及水肿时，重症者应及早实施气管切开术。

(2) 经皮肤吸收中毒

毒物接触皮肤时应迅速脱去被污染的衣服，一般用大量水不断冲洗皮肤污染处至少15min。

硫酸、盐酸、硝酸都具有强烈的刺激性和腐蚀作用。硫酸灼伤的皮肤一般呈黑色，硝酸灼伤呈灰黄色，盐酸灼伤呈黄绿色。被酸灼伤后立即用大量流动的清水冲洗，冲洗时间一般不少于15min。彻底冲洗后，可用2%～5%碳酸氢钠溶液、淡石灰水、肥皂水等进行中和，切忌未经大量流水彻底冲洗，就用碱性药物在皮肤上直接中和，这会加重皮肤的损伤。处理以后创面治疗按灼伤处理原则进行。

碱灼伤皮肤，在现场立即用大量清水冲洗至皂样物质消失为止，然后可用1%～2%乙酸或3%硼酸溶液进一步冲洗。对Ⅱ、Ⅲ度灼伤可用2%乙酸湿敷后，再按一般灼伤进行创面处理和治疗。

氢氟酸对皮肤有强烈的腐蚀性，渗透作用强，并对组织蛋白有脱水及溶解作用。皮肤及衣物被腐蚀者，先立即脱去被污染衣物，皮肤用大量流动清水彻底冲洗后，继续用肥皂水或2%～5%碳酸氢钠溶液冲洗，再用葡萄糖酸钙软膏涂覆按摩，然后再涂以33%氧化镁甘油糊剂、维生素AD软膏或可的松软膏等。

酚与皮肤发生接触者，应立即脱去被污染的衣物，用10%酒精反复擦拭，再用大量清水冲洗，直至无酚味为止，然后用饱和硫酸钠湿敷。灼伤面积大，且酚在皮肤表面滞留时间较长者，应注意是否存在吸入中毒的问题，并积极处理。

皮肤被黄磷灼伤时，及时脱去污染的衣物，并立即用清水（由五氧化二磷、五硫化磷、五氯化磷引起的灼伤禁止用水洗）或5%硫酸铜溶液或3%过氧化氢溶液冲洗，再用5%碳酸氢钠溶液冲洗，中和所形成的磷酸，然后用1∶5000高锰酸钾溶液湿敷，或用2%硫酸铜溶液湿敷，以使皮肤上残存的黄磷颗粒形成磷化铜。注意，灼伤创面禁用含油敷料。

(3) 经口中毒的救援

绝大部分毒物于4h内从胃部转移到小肠，因此须立即引吐、洗胃及导泻，如患者清醒而又合作，宜饮大量清水引吐，亦可用药物引吐。催吐非酸、碱之类腐蚀性药品或烃类液体可以用手指或匙子的柄摩擦患者的喉头或舌根使其呕吐，也可以服用吐根糖浆等催吐剂，或在80mL热水中溶解一匙食盐。对引吐效果不好或昏迷者，应立即送医院用胃管洗胃。

催吐不适用的情况包括：昏迷状态、中毒引起抽搐和惊厥未控制之前、食管静脉曲张、主动脉瘤、溃疡病出血等。孕妇亦需慎用催吐救援。此外，吞食酸、碱类腐蚀性药品或烃类液体时，因有胃穿孔或胃中的食物吐出呛入气管的危险，不可催吐。

在吞入毒物后可以服用的保护剂如牛奶、打散的鸡蛋、豆浆、米汤、面粉、淀粉或土豆泥的悬浮液以及水等，以降低胃中药品的浓度，延缓毒物被人体吸收的速度并保护胃黏膜。如果没有上述东西，可将50g活性炭加入500mL水中。用前再添加400mL水，充分摇动润湿，给患者分次少量吞服。一般10～15g活性炭，大约可吸收1g毒物。实验室中常把两份活性炭、一份氧化镁和一份单宁酸混合均匀制成解毒剂，解毒效果显著，用时可将2～3药勺解毒剂加入一杯水做成糊状，即可服用。

(4) 有毒试剂进入眼睛的救援

若有毒试剂或者药品进入眼睛时应撑开眼睑，用水洗涤5min。若用洗眼器，首先要放去开始的脏水。强酸溅入眼内时，在现场立即就近用大量清水或生理盐水彻底冲洗。冲洗时应将头置于水龙头下，使冲洗后的水自伤眼的一侧流下，这样既避免水直冲眼球，又不至于使带酸的冲洗液进入另一只眼。冲洗时应拉开上下眼睑，使酸不至于留存眼内和下穹隆而形成留酸死腔。如无冲洗设备，可将眼浸入盛清水的盆内，拉开下眼睑，摆动头部，洗掉酸液，切忌惊慌或因疼痛而紧闭眼睛，冲洗时间应不少于15min。经上述处理后，立即送医院眼科进行治疗。眼部碱灼伤的冲洗原则与眼部酸灼伤的冲洗原则相同。彻底冲洗后，可用2%～3%硼酸液做进一步冲洗。

8.1.3.3 中毒救援后处理

护送病人时应保持呼吸畅通，避免咽下呕吐物，取平卧位，头部稍低，侧向一边。尽力清除昏迷病人口腔内的阻塞物，包括假牙。如病人惊厥不止，注意不要让他咬伤舌头及上下唇。在护送途中，随时注意患者的呼吸、脉搏、面色、神志情况，随时给以必要的处置。护送途中要注意车厢内通风，以防患者身上残余毒物蒸发而加重病情及影响陪送人员。

护理人员应熟悉各种毒物的毒作用原理及其可能发生的并发症，便于观察病情并给以及时的对症处理，且需根据医嘱及时搜集患者的呕吐物及排泄物、血液等，送检做毒物分析。后续治疗需要进行解毒治疗以尽可能消除毒物在体内的毒作用。

8.1.4 触电事故的应急处理

触电事故的应急处理包括以下步骤。

(1) 脱离电源，越快越好

① 脱离低压带电设备的方法　拉、切、挑、拽、垫。救护人员应设法迅速切断电源，如拉开电源开关或刀闸，拔除电源插头等，或使用绝缘工具、干燥的木棒、木板、绳索等不导电的东西解脱触电者，也可抓住触电者干燥而不贴身的衣服，将其拖开，切记要避免碰到金属物体和触电者的裸露身躯；也可戴绝缘手套或将手用干燥衣物等包起绝缘后解脱触电者；救护人员也可站在绝缘垫上或干木板上，绝缘自己进行救护。使触电者与导电体解脱，最好用一只手进行。如果电流通过触电者入地，并且触电者紧握电线，可设法用干木板塞到身下，与地隔离，也可用干木把斧子或有绝缘柄的钳子等将电线剪断。剪断电线要分相，一根一根地剪断，并尽可能站在绝缘物体或干木板上。

② 脱离高压带电设备的方法　迅速切断电源或电话通知有关部门拉闸停电。戴绝缘

手套、穿绝缘靴，用适合该电压等级的绝缘工具（如绝缘棒）解脱受害者。如不能迅速切断电源开关的，可抛挂金属裸线，使电源开关跳闸。抛挂时要保证导线不触及人，防止电弧伤人或断线危及人员安全。如果不能确证触电者触及或断落在地上的带电高压导线无电时，在未做好安全措施（如穿绝缘靴或临时双脚并紧跳跃地接近触电者）前，救护人员不能接近断线点至 8～10m 范围内，防止跨步电压伤人。触电者脱离带电导线后亦应迅速带至 8～10m 以外，确证已经无电后立即开始触电急救。

如果触电现场远离开关或不具备关断电源的条件，救护者可站在干燥木板上，用一只手抓住衣服将其拉离电源。如触电发生在火线与大地间，可用干燥绳索将触电者身体拉离地面，或用干燥木板将人体与地面隔开，再设法关断电源。如手边有绝缘导线，可先将一端良好接地，另一端与触电者所接触的带电体相接，将该相电源对地短路。也可用手头的刀、斧、锄等带绝缘柄的工具，将电线砍断或撬断（图 8.3）。

图 8.3　高压触电救援

在脱离电源时，救护人员既要救人，也要注意保护自己。触电者未脱离电源前，救护人员不准直接用手触及伤员，以免触电。若触电者处于高处，触脱电源后会自高处坠落，要采取预防措施。

(2) 救治伤员

根据触电者的具体情况，迅速对症救护。一般人触电后，会出现神经麻痹、呼吸中断、心脏停止跳动等征象，外表上呈现昏迷不醒的状态，但这不是死亡。需要抢救的伤员，应立即就地坚持正确抢救，禁止摇动伤员头部呼叫伤员，并设法联系医疗部门接替救治。可通过查看伤员的胸部、腹部、口鼻及颈动脉，判定伤员呼吸心跳情况，每次判定时间不超过 5～7s。如果触电者脱离电源后神志清醒，应使其就地躺平，严密观察 2～3h，暂时不要站立或走动。触电者如神志不清，应就地仰面躺平，且确保气道通畅，并用 5s 时间，呼叫伤员或轻拍其肩部，以判定伤员是否意识丧失。如触电者无知觉，有呼吸、心跳，在请医生的同时应施行人工呼吸。如触电者呼吸停止，但心跳尚存，应施行人工呼吸；如心跳停止，呼吸尚存，应采取胸外心脏挤压法；如呼吸、心跳均停止，则须同时采用人工呼吸法和胸外心脏挤压法进行抢救。若伤员呼吸心跳停止，则需进行人工呼吸和胸外心脏按压，在医生做出死亡判定前，不能中断抢救，以防"假死"。

8.2 急救技术基础

急救即紧急救治的意思，是指当有任何意外或急病发生时，施救者在医护人员到达前，按医学护理的原则，利用现场适用物资临时及适当地为伤病者进行的初步救援及护理，然后从速送院。急救最好的办法是请医生处理，然而大多情况下医生的赶到需要5～10min以上，这在非常紧急的情况下往往耽误了受伤后治疗的黄金时间。下面介绍一些基本的实验室医学急救措施，其中包含休克昏迷处理、心肺复苏术和止血包扎技术等。

8.2.1 休克昏迷处理

休克是机体遭受强烈的致病因素侵袭后，由于有效循环血量锐减，机体失去代偿，组织缺血缺氧，神经-体液因子失调的一种临床症候群。其主要特点是：重要脏器组织中的微循环灌流不足，代谢紊乱和全身各系统的机能障碍。简言之，休克就是人们对有效循环血量减少的反应，是组织灌流不足引起的代谢和细胞受损的病理过程。多种神经-体液因子参与休克的发生和发展。所谓有效循环血量是指单位时间内通过心血管系统进行循环的血量。有效循环血量依赖于充足的血容量、有效的心搏出量和完善的周围血管张力三个因素。当其中任何一个因素的改变，超出了人体的代偿限度时，即可导致有效循环血量的急剧下降，造成全身组织、器官氧合血液灌流不足和细胞缺氧而发生休克。在休克的发生和发展中，上述三个因素常都累及，且相互影响。

休克可引发心力衰竭、急性呼吸衰竭、急性肾功能衰竭、脑功能障碍和急性肝功能衰竭等并发症。按病因分可有下列几种：失血性、烧伤性、创伤性、感染性、过敏性、心源性和神经源性。

当伤者有感觉头晕、口渴、呕吐、面色灰白、脉搏加快、呼吸微弱等症状时，我们可以认为其有休克的可能性，给予适当的处理。将伤者躺地，两脚举起，将颈部的衣服解松，用被单等包裹住身体，保持冷静，喂伤者适量的流体，如温热的甜茶、稀盐水，但如果伤者已经失去知觉，切不可强行灌入液体，如果在喂水过程中呼吸微弱甚至停止时，应进行人工呼吸或输氧。

在伤者出现休克症状后，应立即拨打救助电话，在等待医护人员到来的过程中应密切观察受伤者状态，随时准备进行心肺复苏，如出血则应进行快速止血。对待有休克危险的病人时应注意保持呼吸道畅通，密切观察病人的呼吸形态、动脉血气，了解缺氧程度，减轻组织缺氧状况，休克晚期，严重呼吸困难时可做气管插管或气管切开，并及早使用呼吸机辅助呼吸。对严重损伤的病人应尽快控制活动性出血，有效止血，尽量减少失血量。密切观察病情变化，每15～30min监测T、P、R、BP并详细记录，建立特护记录单，直到病情稳定，随时观察神态、瞳孔、皮肤色泽、温度变化，如面色有无苍白，唇、甲床是否发绀，皮肤是否有出血点、瘀斑等，以了解循环灌注有无改善。患者应取休克体位，头抬高10°～20°，头偏向一侧，尽量避免不必要的搬动，注意保暖，改善微循环，增加回心血量，改善脑供血。预防继发感染，休克病人机体免疫功能急剧下降，易发生继发感染，对此要加以预防，各种护理技术操作均应严格执行无菌技术操作规程。加强心理护理，休克时机体产生应激心理，病人表现有一种濒死感，出现焦虑、恐惧和依赖心理，因而在抢救病人时态度要温和，忙而不乱，沉着冷静，处理快速果断，技术熟练，同时要劝告陪同人员不要惊慌，以减轻病人的紧张恐惧情绪。如果休克病人有意识存在，在护理时应给予精神上和机体上的关心与体贴，使病人产生安全感，从而帮助病人树立起战胜疾病的信心。在现场急救处理完毕后及时送进医院治疗。

昏迷是最严重的意识障碍，即持续性意识完全丧失，也是脑功能衰竭的主要表现之一。昏迷是觉醒状态、意识内容以及躯体运动均完全丧失的一种极严重的意识障碍，即便有强烈的疼痛刺激也不能觉醒。

实验室中造成昏迷的原因一般有剧烈撞击、飞溅物体碰撞、跌倒、中毒和窒息等。在发现有人昏迷后，在确保自己安全的状态下，及时将昏迷者搬出小环境。在确定了昏迷原因后，再根据情况进行急救处理，如休克诊治和心肺复苏等操作处理，避免出血、窒息等原因而导致的死亡或其他伤害。

8.2.2 心肺复苏术

心肺复苏术（cardio pulmonary resuscitation，CPR），指当呼吸终止及心跳停顿时，合并使用人工呼吸及心外按摩来进行急救的一种技术。为理解心肺复苏术的原理，我们需了解呼吸作用与血液循环原理。

心脏分为左右心房及左右心室，由右心房吸入上下腔静脉自全身运回含二氧化碳的血液，经右心室压出，由肺动脉送至肺泡，经由透析作用，换得含氧的血液再经由肺静脉送入左心房，再进入左心室压出经大动脉输送至全身以维持生命的氧气需求。

当人体因呼吸心跳终止时，心脏脑部及器官组织均将因缺乏氧气的供应而渐趋坏死，在临床上人们可以发现患者的嘴唇、指甲及脸面的肤色由原有呈现的正常色渐趋向深紫色，而眼睛的瞳孔也渐次地扩大中，当然胸部的起伏及颈动脉的是否跳动更能确定的告知人们生命的讯息。在4min内肺中与血液中原含之氧气尚可维持供应，故在4min内迅速急救确实做好CPR时将可保住脑细胞不受损伤而完全复原，在4～6min则视情况不同脑细胞或有损伤的可能，6min以上则一定会有不同程度的损伤，而延迟至10min以上则肯定会对脑细胞造成因缺氧而导致的坏死（表8.1）。

表8.1 心跳停止时间及表现

心停停止的时间	表现
3s	头晕
5～10s	头晕意识丧失、突然倒地
30s	“阿-斯综合征”发作：意识完全丧失，伴有抽搐及大小便失禁
60s	自主呼吸逐渐停止
3min	开始出现脑水肿
6min	开始出现脑细胞死亡
8min	“脑死亡”“植物状态”

空气中含80%的氮气，20%的氧气（其中包括微量的其他气体），而经由人体呼吸再呼出的空气成分中氮气仍占约80%，氧气却降低为16%，二氧化碳占了4%，经由正常呼吸所呼出的气体中氧的含量仍能够满足心肺的供氧要求。实施口对口人工呼吸是借助急救

者吹气的力量，使气体被动吹入肺泡，通过肺的间歇性膨胀，以达到维持肺泡通气和氧合作用，从而减轻组织缺氧和二氧化碳累积。利用人工呼吸，吹送空气进入患者肺腔，再配合心外按压，促使血液从肺部交换氧气再循环到脑部及全身，以维持脑细胞及器官组织的存活，这便是心肺复苏术的原理。溺水、心脏病、高血压、车祸、触电、药物中毒、气体中毒、异物堵塞呼吸道等导致呼吸终止和心跳停顿，在医疗救护到达前都需要利用心肺复苏术以保障脑细胞及器官组织不致坏死。

心肺复苏术是通过胸外按压、口对口吹气使猝死的病人恢复心跳、呼吸。美国心脏协会每隔 5 年会对心肺复苏与心血管急救指南进行修订。2010 年的指南要求，不管是成人、儿童或是婴儿，在进行胸外心脏按压时频率都为至少每分钟 100 次。而按压深度分别为至少 5cm（成人）、约 5cm（儿童）、约 4cm（婴儿）。在单人施救时不管是成人、儿童或是婴儿其通气按压比均为 2∶30，而在双人施救且为医护人员时，对儿童和婴儿行心肺复苏的通气按压比为 2∶15，而成人仍为 2∶30。一般来说，徒手心肺复苏术的操作流程分为以下几步。

① 第一步：评估意识　轻拍患者双肩、在双耳边呼唤（禁止摇动患者头部，防止损伤颈椎）。如果清醒（对呼唤有反应、对疼痛刺激有反应），要继续观察，如果没有反应则为昏迷，进行下一个流程。

② 第二步：求救　高声呼救“快来人啊，有人晕倒了”，接着拨打 120 求救，此时需保持冷静，待 120 调度人员询问清楚再挂电话。挂电话后立即进行心肺复苏术。

③ 第三步：检查及畅通呼吸道　取出口内异物，清除分泌物。用一手推前额使头部尽量后仰，同时另一手将下颏向上方抬起。注意：不要压到喉部及颌下软组织。

④ 第四步：人工呼吸　判断是否有呼吸可通过“一看二听三感觉”。“看”指患者胸部有无起伏；“听”指有无呼吸声音；“感觉”指用脸颊接近患者口鼻，感觉有无呼出气流。如果无呼吸，应立即给予人工呼吸。可采用压额抬颏法来进行人工呼吸，即抢救者将一手掌小鱼际（小拇指侧）置于患者前额，下压使其头部后仰，另一手的食指和中指置于靠近颏部的下颌骨下方，将颏部向前抬起，帮助头部后仰，气道开放。必要时拇指可轻牵下唇，使口微微张开，然后深吸一口气，用力向患者口中吹气，同时用眼角注视患者的胸廓，胸廓膨起为有效。待胸廓下降，吹第二口气。口对口吹气量不宜过大，一般不超过 1200mL，胸廓稍起伏即可。吹气时间不宜过长，过长会引起急性胃扩张、胃胀气和呕吐。

⑤ 第五步：胸外心脏按压　心脏按压部位为胸骨下半部、胸部正中央、两乳头连线中点。胸外心脏按压时，施术者双肘伸直，借身体和上臂的力量，向脊柱方向按压，使胸廓下陷 3.5～5cm，然后迅即放松，解除压力，让胸廓自行复位，使心脏舒张，如此有节奏地反复进行。按压与放松的时间大致相等，放松时掌根部不得离开按压部位，以防位置移动，但放松应充分，以利血液回流。按压频率 80～100 次/min。

心肺复苏的流程如图 8.4 所示。

一般来说，现场的心肺复苏应持续进行，直到急救医生的到来，以进行进一步治疗，不可轻易做出停止复苏的决定，如符合下列条件者，现场抢救人员方可考虑终止复苏：

① 患者呼吸和循环已有效恢复；

② 无心搏和自主呼吸，CPR 在常温下持续 30min 以上，急救医护人员到场确定患者已死亡；

③ 有急救医护人员接手承担复苏或其他人员接替抢救。

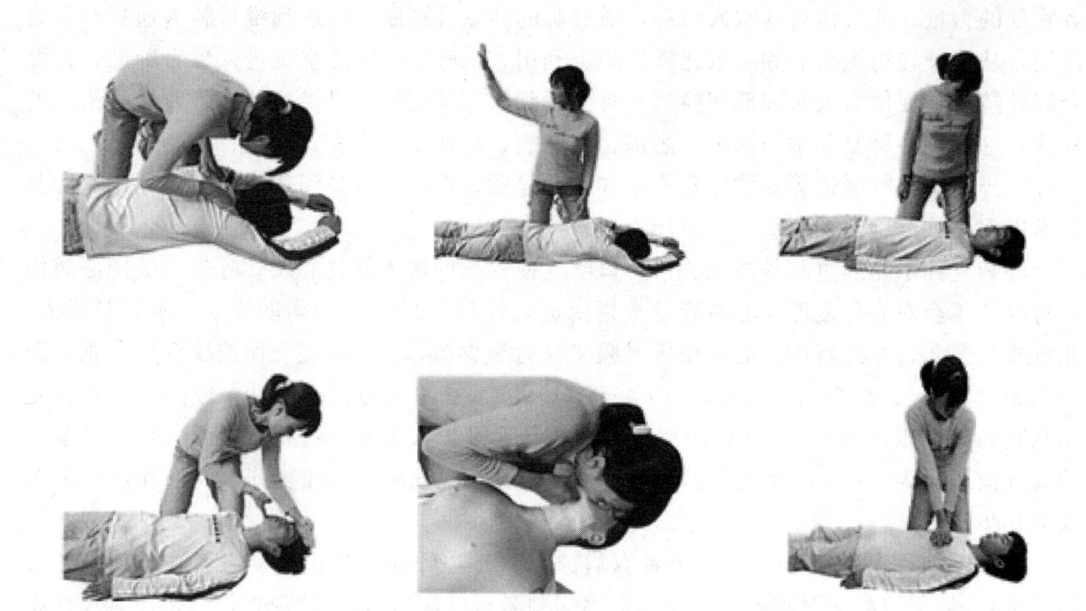

图 8.4 心肺复苏的流程

心肺复苏实施后，患者呼吸和循环有效恢复以下特征。

① 颈动脉搏动 按压有效时，每按压一次可触摸到颈动脉一次搏动，若中止按压搏动亦消失，则应继续进行胸外按压，如果停止按压后脉搏仍然存在，说明病人心搏已恢复。

② 面色（口唇） 复苏有效时，面色由发绀转为红润，若变为灰白，则说明复苏无效。

③ 其他 复苏有效时，可出现自主呼吸，或瞳孔由大变小并对光有反射，甚至有眼球活动及四肢抽动。

8.2.3 止血及包扎处理

一般成人总血量大约 4000mL。短时间内丢失总血量的 1/3 时（约 1300mL），就会发生休克。表现为脸色苍白、出冷汗、血压下降、脉搏细弱等。如果丢失总血量的一半（约 2000mL），则组织器官处于严重缺血状态，很快可导致死亡。

按创伤类型分为皮肤擦伤、撕裂伤、刺伤、异物插入、骨折等；按照损伤的部位可分为头面部、颈部、胸部、腹部和四肢。创伤的出血类型有多种，其中肉眼可见的叫外出血，只要不是大动脉出血，得救的机会就比较多。内出血不易判断，当出血量达到一定程度伤者会休克、疼痛。血管出血的特点，动脉性出血：血液色鲜红、呈喷射或搏动性，较难止；静脉性出血：血液色暗红、呈持续性涌出，较易止血；毛细血管出血：渗出或滴出，可自行止血。在意外发生的现场，控制出血是非医疗专业人员所能做的少数几种影响后期救治效果的措施之一。

出血量与出血速度因损伤程度的不同而异，所以采用的止血方法也不同。常用的止血方法简单地说就是压、包、塞、捆。

压：当看见伤口流血，最常做的急救动作就是用手按住出血区，这就是压迫止血法。

压迫止血法分为两种：一种是伤口直接压迫，无论用干净纱布还是其他布类物品直接按在出血区，都能有效止血。另外一种是指压止血法。用手指压在出血动脉近心端的邻近骨头上，阻断血运来源，以达到止血目的。找压迫点时要用食指或无名指，不要用拇指，因为拇指中央有粗大的动脉，容易造成误判。当找到动脉压迫点后，再换拇指按压或几个指头同时按压。指压止血法虽然操作容易，但不经过系统培训，很难达到止血目的。加压包扎止血法先用消毒纱布覆盖伤口，再用棉花团、纱布卷或毛巾、帽子等折成垫子，放在伤口敷料上面，然后用三角巾或绷带压紧包扎，主要用于小静脉、毛细血管性出血。找不到可用于加压包扎的物品时用手按压也可以暂时止血（手指割破或头皮损伤），如果伤口有碎骨存在时，禁用此法。纱布被血液渗透后，一般不必更换，可再用纱布重叠加压包扎，缺点是清创去处敷料和填充物时又会发生较大的出血。

指压止血法用于急救处理较急剧的动脉出血。手头一时无包扎材料和止血带时，或运送途中放止血带的间隔时间，可用此法。手指压在出血动脉的近心端的邻近骨头上，阻断血运来源。此方法简便，能迅速有效地达到止血的目的，缺点是止血不易持久。事先应了解正确的压迫点，才能见效。头面部出血压迫颞动脉、颌外动脉、颈动脉；肩部和上肢出血压迫锁骨下动脉、肱动脉；下肢出血压迫股动脉（图 8.5）。

包：无论什么样的出血，最终都要用包扎来解决。包扎所用的材料是纱布、绷带、弹性绷带或干净的棉布或用棉织品做成的衬垫。包扎的原则是先盖后包，力度适中。先盖后包即先在伤口上盖上敷料（够大、够厚的棉织品衬垫），然后再用绷带或三角巾包扎。这是因为常用的普通纱布容易粘伤口，给后续处理增加难度。力度适中指的是包扎后应止血有效，检查远端的动脉还在搏动；包扎过松，止血无效；包扎过紧，会造成远端组织缺血缺氧坏死（图 8.6）。

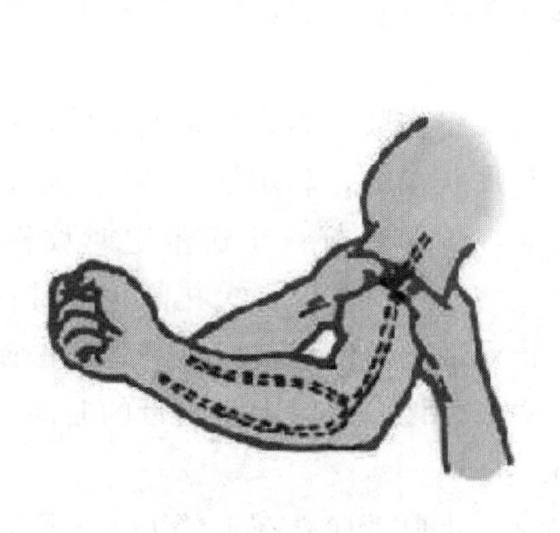

图 8.5　上臂按压止血

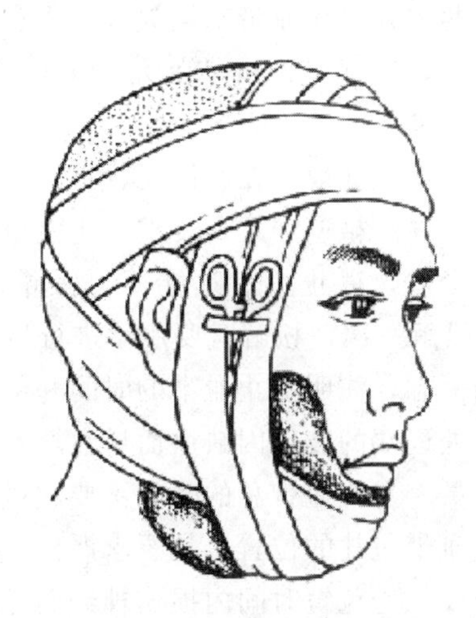

图 8.6　头部的包扎

塞：用于腋窝、肩、口鼻、宫腔或其他盲管伤和组织缺损处的填塞止血法，是用棉织品将出血的空腔或组织缺损处紧紧填塞，直至确实止住出血。填实后，伤口外侧盖上敷料后再加压包扎，达到止血的目的。此方法的危险在于用压力将棉织品填塞结实可能造成局部组织损伤，同时又将外面的脏东西带入体内造成感染，尤其是厌氧菌感染常引发破伤风或气性坏疽。所以，除非必需，尽量不采用此法。

捆：止血带止血法在某些特定条件下是有效的，如战伤、较大的肢体动脉出血等。通常止血带用于手术室，对控制肢体出血是有效的，但潜在的不良作用包括暂时的或持续地对神经和肌肉的损伤，也会因肢体缺血引起全身性并发症，包括酸中毒、高钾血症、心律失常、休克、肢体毁损，甚至死亡。并发症与止血带的压迫力量过大和持续时间过长密切相关，因此没有经过严格训练的非医务人员不在万不得已的情况下，不要使用此法（图8.7）。

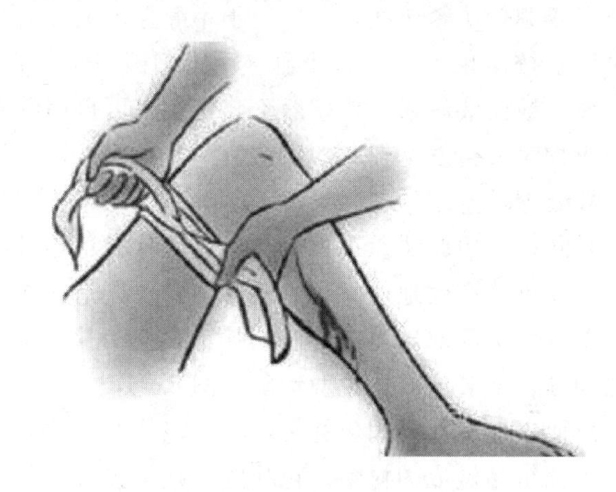

图 8.7　腿部的包扎止血

常用的止血带是橡皮带、止血带、三角巾、有弹性的棉织品（如宽布条、毛巾）等材料，一般情况下不能用铁丝、电线、尼龙绳、麻绳等做代用品。止血带止血的步骤为：在伤口的上方用纱布垫好，然后以左手拇指、食指、中指拿止血带头端，另一拉紧止血带绕肢体缠两圈并将止血带末端放入左手食指、中指之间拉回固定。环行包扎，可用在粗细相同的部位，螺旋包扎和螺旋反折包扎，可用在粗细不一致部位，“8”字包扎，可用在关节部位。

止血带包扎前，在肢体无骨折的情况下，先要将伤肢抬高，尽量使静脉血回流，减少出血量，并严格遵守下列要求：止血带不直接与皮肤接触，利用棉织品做衬垫；上止血带松紧要合适，以止血后远端不再大量出血为准，越松越好；止血带定时放松，每 40～50min 松解一次，松解时要用手进行指压止血 2～3min，然后再次扎紧止血带；要有上止血带的标志，注明上止血带的时间和部位。用止血带止血的伤员应尽快送往医院处置，防止出血处远端的肢体因缺血而导致坏死。做好明显标记，记录上止血带的时间，并交代给接替人员。上止血带总的时间不要超过 2～3h。

止血带包扎的位置也是要求严格，上肢出血，止血带应扎在上臂上 1/3 段，禁止扎在上臂中段，避免短时间内损伤神经而导致残疾；下肢出血，止血带应扎在大腿上段，尽量不在小腿、前臂上止血带，因为小腿、前臂都有两根骨头，无法捆扎夹在两根骨头中间较深的动脉。

参考文献

[1] 陈行表，蔡凤英．实验室安全技术 [M]．上海：华东化工学院出版社，1989.
[2] 裴爱德斯．化学实验室安全手册 [M]．北京：科学技术出版社，1957.
[3] 吕春绪．化验室工作手册 [M]．南京：江苏科学技术出版社，1994.

[4] 勾丽军，张增安．急救与常用护理技术［M］．北京：人民军医出版社，2010.
[5] 田锁臣，阳晓．急救医学基础［M］．2版．北京：科学出版社，2008.
[6] 李建华，黄郑华．火灾事故应急预案编制与应用手册［M］．北京：中国劳动社会保障出版社，2008.
[7] 张燕儒，吴效明，袁衡新．等．新型心肺复苏术血流动力学效果的模型研究［J］．华南理工大学学报（自然科学版），2009，37（12）：100-104.
[8] 何忠杰．呼吸的阶梯化管理——狭义白金十分钟急救基础技术介绍［J］．世界急危重病医学杂志，2007（1）：1672-1676.

第9章

实验室废弃物的处理及环境保护

实验室主要分布在高校、企业、研究所、环境监测、质检和卫生防疫等单位，区域分散，废弃物排放量较少，对环境所造成的污染过去往往不被人们所重视，从各类实验室排出的废弃物，特别是化学物质（如化学废气、废液、废渣等），尽管量少，但如果未经处理就直接排放到自然界中，天长日久其危害可想而知，因此实验废弃物对污染环境的问题现在受到了人们高度重视。实验室废弃物污染主要有：化学污染、生物性污染、放射性污染等，其中较为普遍的为化学污染及生物性污染。由于实验室产生的废弃物大多数不同于生活垃圾，其可能存在有毒有害、易燃易爆等不同特征，不合理的处理将会对我们以及周边环境造成严重的危害。因此，正确处理实验废弃物是实验操作者必须了解的知识，实验结束后必须按合理的程序处理实验废弃物。

9.1 实验室废弃物的特点及危害

实验室废弃物相比工业废弃物的特点在于量少、种类多。各种不同的污染物对周围的植物、动物、微生物以及其他生态环境（水体、气候、土壤等）会带来不同程度的危害。

(1) 大气污染

实验室的废气包括燃烧废气、试剂和样品的挥发物、分析过程的中间产物、泄漏和排空的标准气和载气等。具体有硫化氢、氨、氯仿、四氯化碳、苯系物、氢氰酸、二氧化硫、汞蒸气、乙炔气、氢气、氮气等，均为刺激性气体，可造成呼吸道疾病或刺激眼睛角膜，引起造血系统及中枢神经系统损坏。在实验操作过程中，有些操作者不按规范操作，只图方便省事，如在使用正丁醇、乙醚、甲醛、二甲苯、巯基乙醇等挥发性试剂时，规范的实验操作要求实验应在通风橱中进行，产生的废液回收后须进一步进行处理。而有些操作者直接在敞开的容器中完成操作，使整个实验室甚至楼道充满呛人的气味，造成了实验室的空气污染。更有甚者，在实验完毕后，不回收就直接将正丁醇等试剂反应的废液倒入水池内，随排水管道排放室外，使污染领域进一步扩大。

(2) 废液污染

实验室的教学和科研中用到大量的化学试剂，很多是有毒性的，如亚硝酸盐、环氧氯丙烷等，易引起人体产生癌变；一些有机溶剂如二甲苯、氯仿等能破坏人体免疫系统，造成人体机能失调；而有一些化学试剂具有很强的腐蚀性，如浓酸、浓碱等。如果不加处理，直接排入城市污水管网，可能会超过《污水排入城市下水道水质标准》的要求，直接对环境生态造成污染。

(3) 过期药品、试剂污染

实验室中由于实验项目或研究课题的变换，用过的和剩余的药品、试剂会长期搁置，造成大量过期。积累得多了，有些实验者便把这些过期的药品、试剂丢弃到垃圾桶，很多有毒试剂、重金属试剂就随垃圾一起被拉到郊外搁置或埋藏，造成当地的土壤和水质的严重污染。例如含 Hg、Pb 等的药品试剂，释放到当地的水和土壤中，人和牲畜长期饮食含有这些离子的水质和吸收了这些离子的植物，会造成神经性的损害，严重的还能导致神经错乱甚至死亡。

(4) 动物尸体不当处理

生物类和医药类实验室经常要用到小鼠、鸡、牛蛙、兔子等实验生物，这些实验生物往往带有各种实验用的病菌或病毒。对用过的死亡生物如果处理不当，会造成极大的生物安全隐患。

(5) 微生物污染

生物类的实验室经常进行微生物、细菌、病毒等方面的研究，部分微生物，如真菌会随着空气到处飞扬，人呼吸到口腔和鼻腔中，会引起咽炎和鼻炎的发生。而有些细菌、病菌却可以直接引起人的免疫系统失调，使人丧失对机体的调控能力，直接威胁人的身体健康。致病菌或病毒扩散到人群中则会造成严重的公共卫生灾难。

9.2 实验室废弃物的分类、前处理及储存

9.2.1 实验室废弃物的分类

严格将实验室废弃物进行分类和搜集是实验室废弃物进行处理的前提条件，也是国家法律和法规的要求。当然，每个实验室和实验产生的废弃物的种类分布不同，有的实验室废弃物主要是酸碱废液，有的实验废液包含大量有机溶剂，我们应该根据实验室实验的特点，结合国际标准、国家法律和法规对实验室废弃物进行分类收集。目前涉及实验室废弃物的法律法规包括：《危险废物污染防治技术政策》、GB/T 29478—2012《移动实验室有害废物管理规范》、HJ 2025—2012《危险废物收集 贮存 运输技术规范》、GB 18597—2023《危险废物贮存污染控制标准》ISO 18001《职业健康和安全管理标准》和 ISO 14001《环境管理体系认证》等。

实验室废弃物类别见表 9.1。

■ 表 9.1 实验室废弃物类别

专业类别	实验类别	污染物种类	名称
化学类	无机化学、有机化学、物理化学、仪器分析、化工原理、高分子化学和精细化工等实验类	酸、碱、有机溶剂和重金属类	硫酸、磷酸、硝酸、高氯酸、冰醋酸和乙酸等酸类；氢氧化钠、氢氧化钾等碱类；醇类、醚类、烃类、酯类、酮类、酚类、烷类等；硝酸铅、重铬酸钾、硝酸银、砷化物、氯化汞、碘化物等
生物类	生物化学、遗传学、植物生理、微生物学、生物技术和基因工程等实验类	酸液、碱液、有机化合物	同化学类
医药类	动物生物学、人体及动物生理学、药物化学、动物营养、动物遗传、繁殖与育种等实验类	生物活性材料、有机溶剂、培养基、有毒物	组织、细胞、微生物、氨基酸、生物碱及酰胺等
环境类	环境化学、环境监测等实验类	酸、碱、重金属和有机溶剂	同化学类

9.2.2 实验室废弃物的收集

实验室废弃物收集一般有以下三种方法。

① 分类收集法：按废弃物的类别性质和状态不同，分门别类收集。

② 按量收集法：根据实验过程中排出的废弃物的量的多少或浓度高低予以收集。

③ 相似归类收集法：按性质或处理方式收集。

由于一般单位和研究机构不能自行处理实验室废弃物，为与专业的实验室废弃物回收处理公司协作，我们在实验室需按照实验室废弃物回收处理公司的要求进行废弃物的分类、收集、包装和标识。实验室废弃物回收处理公司回收的实验室废液被分为有机废液和无机废液，具体如下所述。

（1）有机废液分类

① 油脂类　由实验室产生的废弃油脂，例如灯油、轻油、松节油、润滑油等。

② 卤素类有机溶剂　由实验室所产生的废弃溶剂，该溶剂含有脂肪族卤素类化合物，如氯仿\氯代甲烷\二氯甲烷\四氯化碳或含芳香族卤素类化合物，如氯苯\苯甲酰氯等。避免混入的物质包括酸、碱、强氧化剂、碱金属（如钠和钾）、亚硫酸二甲酰、塑料、橡胶、涂料及其他对处理过程造成妨碍的物质。

③ 非卤素类有机溶剂　由实验室所产生的废弃溶剂，该溶剂不含脂肪族卤素类化合物或芳香族卤素类化合物。避免混入的物质包括酸、碱、强氧化剂（如过氧化物）、盐、硝酸盐或过氯酸及其他对处理过程造成妨碍的物质。

（2）无机废液分类

① 废酸液　实验室产生的废酸溶液，如用过的废硫酸溶液。由于酸性废液的反应特性，要避免混入碱性物质、金属、有机物质、混入后会产生有毒气体之物质如氰化物和硫化物等、还原剂、氧化剂、爆炸物、溴化物、碳化物、硅化物、磷化物及其他对处理过程

造成妨碍之物质。

② 重金属废液　实验室重金属废液，如废弃的汞溶液、镉废液、铬废液等。这类废液泄漏到环境中会严重污染环境，破坏土壤和水体生态系统，危害人体健康。由于重金属废液后处理往往采取还原（如六价Cr需要先还原成三价Cr）和碱沉淀法，所以要避免混入酸性物质、过氧化物及其他对处理过程造成妨碍的物质。

③ 废碱液　含碱废液中需避免混入的物质包括：有机物质、酸性物质、金属、过氧化物及其他对处理过程造成妨碍的物质。

④ 其他无机废液　前述废液外的无机物，包括含氰废液、溴化物、硫化物、亚硝酸盐、氯酸盐等各类会对生态环境造成危害的废液。

由于实验室废弃物的后处理方法不同，不同类型的废液要避免混装，如含卤素的有机废液不易燃烧，在锅炉燃烧其他有机废液时会导致淬灭；酸性废弃物会和含氰废液混合生成致命的氰化氢气体。要根据实验室废弃物处理公司的要求进行分类收集，做好废液标识和废液倾倒记录。废液收集前查询物质安全数据表（MSDS）和废弃物兼容表，在回收时一定要慢慢倒入废液桶，尤其是开始时一定要一边倒一边观察是否有异常现象发生，一旦有异常马上停止，按紧急预案处置。

9.2.3 实验室废弃物的前处理

9.2.3.1 前处理方法

由于实验室废弃物的制造者更熟悉产生的废弃物，因此产生后及时处理相比实验室废弃物处理公司的处理容易得多，并且能大大减少实验室的废弃物产生量，降低单位废液处理成本。许多时候还能变废为宝，继续利用。目前对实验室废弃物的前处理方法包括：回收再利用、稀释法、中和法、氧化法和还原法。

① 回收再利用　实验中产生的大量有机废液可以采用蒸馏法进行回收，在满足要求的前提下可重复使用，如天然产物提取产生的乙醇废液可以经减压蒸馏后再利用。一些贵重金属可以采用沉淀法、结晶法、吸附法、离子交换法等方法进行回收。

② 稀释法　实验室废弃物如某些对环境无危害的金属盐，常见的盐酸、硫酸、氢氧化钠废液等，可以做适当稀释后直接排入下水道，具体要求按GB 8978—2002《污水综合排放标准》排放。

③ 中和法　强酸类和强碱类实验室废弃物可中和到中性后直接排放，若中和后的废液中含有其他有害物质需要做进一步处理。不含有害物质而其浓度在1%以下的废液，把它中和后即可排放。

④ 氧化法　硫化物、氰化物、醛类、硫醇和酚类等化合物可以被氧化为低毒和低臭化合物，深度氧化往往可以氧化成CO_2和水，然后直接排放。

⑤ 还原法　氧化物亚硫酸盐、过氧化物、许多有机药品和重金属溶液可以被还原成低毒物质。含六价铬的废液可以被酸、硫酸亚铁等还原剂还原为三价铬，废液中的汞、铅和银还原后，可以沉淀过滤出来。有机铅也可以通过类似的方法去除。将处理后的浓缩液收集后装入容器，送到指定地点处理。

9.2.3.2 实验室废弃物前处理注意事项及示例

实验室废弃物前处理通常需要注意以下几点。

① 随着废液的组成不同，在处理过程中，往往伴随着产生有毒气体以及发热、爆炸

等危险。因此，处理前必须充分了解废液的性质，然后分别加入少量所需添加的药品。同时，必须边注意观察边进行操作。

② 含有络离子、螯合物之类物质的废液，只加入一种消除药品有时不能把它处理完全，因此，要采取适当的措施，注意防止一部分还未处理的有害物质直接排放出去。

③ 对于为了分解氰基而加入次氯酸钠，以致产生游离氯，以及由于用硫化物沉淀法处理废液而生成水溶性的硫化物等情况，其处理后的废水往往有害。因此，必须把它们加以再处理。

④ 沾附有害物质的滤纸、包药纸、棉纸、废活性炭及塑料容器等，不要丢入垃圾箱内，要分类收集，加以焚烧或其他适当的处理，然后保管好残渣。

⑤ 处理废液时，为了节约处理所用的药品，可将废铬酸混合液用于分解有机物，以及将废酸、废碱互相中和，要积极考虑废液的利用。

⑥ 尽量利用无害或易于处理的代用品，代替铬酸混合液之类会排出有害废液的药品。

⑦ 对甲醇、乙醇、丙酮及苯之类用量较大的溶剂，原则上要把它回收利用，而将其残渣加以处理。

下面分类对实验室常见废弃物前处理方法进行介绍。

(1) 含六价铬的废液

【处理方法】还原法＋中和法（亚硫酸氢钠法）

① 于废液中加入 H_2SO_4，充分搅拌，调整溶液 pH 值在 3 以下（采用 pH 试纸或 pH 计测定。对铬酸混合液之类的废液，已是酸性物质，不必调整 pH 值）。

② 分次少量加入 $NaHSO_3$ 结晶，至溶液由黄色变成绿色为止，要一面搅拌一面加入（如果使用氧化-还原光电计测定，则很方便）。

③ 除 Cr 以外还含有其他金属时，确证 Cr(Ⅵ)转化后，按含重金属的废液处理。

④ 废液只含 Cr 重金属时，加入浓度为 5%的 NaOH 溶液，调节 pH 值至 7.5～8.5（注意，pH 值过高沉淀会再溶解）。

⑤ 放置一夜，将沉淀滤出并妥善保存（如果滤液为黄色时，要再次进行还原）。

⑥ 对滤液进行全铬检测，确保滤液不含铬后才可排放。

【注意事项】

① 要戴防护眼镜、橡皮手套，在通风橱内进行操作。

② 把 Cr(Ⅵ)还原成 Cr(Ⅲ)后，也可以将其与其他的重金属废液一起处理。

③ 铬酸混合液系强酸性物质，故要把它稀释到约 1%的浓度之后才进行还原。并且，待全部溶液被还原变成绿色时，查明确实不含六价铬后，才按操作步骤中从第四点开始进行处理。

(2) 含氰化物的废液

【处理方法】氯碱法

① 废液中加入 NaOH 溶液，调整 pH 至 10 以上。然后加入约 10%的 NaClO 溶液，搅拌约 20min，再加入 NaClO 溶液，搅拌后，放置数小时（如果用氧化-还原光电计检测其反应终点，则较方便）。

② 加入 5%～10%的 H_2SO_4（或盐酸），调节 pH 至 7.5～8.5，然后放置一昼夜。

③ 加入 Na_2SO_3 溶液，还原剩余的氯（稍微过量时，可用空气氧化。每升含 1g Na_2SO_3 的溶液 1mL，相当于 0.55mg Cl^-）。

④ 查明废液确实没有 CN^- 后，才可排放。

⑤ 废液含有重金属时，再将其按含重金属的废液加以处理。

【注意事项】

① 因有放出毒性气体的危险，故处理时要慎重。操作时宜在通风橱内进行。

② 废液要制成碱性，不要在酸性情况下直接放置。

③ 对难于分解的氰化物（如 Zn、Cu、Cd、Ni、Co、Fe 等的氰的络合物）以及有机氰化物的废液，必须另行收集处理。

④ 对其含有重金属的废液，在分解氰基后，必须进行相应的重金属的处理。

(3) 含砷废液

【处理方法】氢氧化物共沉淀法

① 废液中含砷量大时，加入 $Ca(OH)_2$ 溶液，调节 pH 至 9.5 附近，充分搅拌，先沉淀分离一部分砷。

② 在上述滤液中，加入 $FeCl_3$，使其铁砷比达到 50，然后用碱调整 pH 至 7～10 之间，并进行搅拌。

③ 把上述溶液放置一夜，然后过滤，保管好沉淀物。检查滤液不含 As 后，加以中和即可排放。此法可使砷的浓度降到 0.05mg/kg 以下。

【注意事项】

① As_2O_3 是剧毒物质，其致命剂量为 0.1g。因此，处理时必须十分谨慎。

② 含有机砷化合物时，先将其氧化分解，然后才进行处理（参照含重金属有机类废液的处理方法）。

(4) 含镉及铅的废液

【处理方法】同砷的处理方法

【注意事项】

① 含两种以上重金属时，由于其处理的最适宜 pH 值各不相同，因而，对处理后的废液必须加以注意。

② 含大量有机物或氰化物的废液，以及含有络离子的时候，必须预先把它分解除去（参照含有重金属的有机类废液的处理方法）。

(5) 含汞废液

【处理方法】

① 废液中加入与 Hg^{2+} 等化学计量比的 $Na_2S \cdot 9H_2O$，加入 $FeSO_4$（$10\times10^{-6}mol \cdot L^{-1}$）作为共沉淀剂，充分搅拌，并使废液之 pH 值保持在 6～8 范围内。

② 上述溶液经放置后，过滤沉淀并妥善保管好滤渣（用此法处理，可使 Hg 浓度降到 0.05mg/kg 以下）。

③ 用活性炭吸附法或离子交换树脂等方法，进一步处理滤液。

④ 在处理后的废液中，确保检不出 Hg 后，才可排放。

【注意事项】

① 废液毒性大，经微生物等的作用后，会变成毒性更大的有机汞。因此，处理时必须做到充分安全。

② 含烷基汞之类的有机汞废液，要先把它分解转变为无机汞，然后才进行处理。

(6) 含氧化剂、还原剂的废液

【处理方法】

① 查明各氧化剂和还原剂，如果将其混合也没有危险性时，即可一面搅拌，一面将其中一种废液分次少量加入另一种废液中，使之反应。

② 取出少量反应液，调成酸性，用碘化钾-淀粉试纸进行检验。

③ 试纸变蓝时（氧化剂过量）：调整 pH 值至 3，加入 Na_2SO_3（用 $Na_2S_2O_3$、$FeSO_4$ 也可以）溶液，至试纸不变颜色为止。充分搅拌，然后把它放置一夜。

④ 试纸不变色时（还原剂过量）：调整 pH 值至 3，加入 H_2O_2 使试纸刚刚变色为止。然后加入少量 Na_2SO_3，把它放置一夜。

⑤ 不管哪一种情况，都要用碱将其中和至 pH 为 7，并使其含盐浓度在 5%以下，才可排放。

【注意事项】

原则上将含氧化剂、还原剂的废液分别收集。但当把它们混合没有危险性时，也可以把它们收集在一起。

注：含铬酸盐时可作为含 Cr(Ⅵ) 的废液处理。含其他重金属物质时，可参考含镉及铅的废液处理。

9.2.4 实验室废弃物的储存和管理

实验室必须设置危险废弃物存放柜（箱、架），并设有明显的警示标志，存放地点在室内并上锁，安装监控和专人管理，存放架需做到安全、牢固，远离火源、水源。废液容器须贴上专用的标签纸，及填写清楚标签纸上的内容，以明确每个收集桶是用来收集哪种类别的废液。标签上的记录数据至少应包括下列几项：废液名称、废液特性的标志、产生单位、储存期间、储存数量。过期试剂、药剂、浓度过高或反应性剧烈的母液等不得倒入收集容器内，应以连原包装物一起收集进行处理。标签粘贴位置应明显使相关人员易于辨识标签上所记载的内容，以便于废液的分类收集、储存及后续处理处置。

(1) 直接盛装危险废弃物的容器的要求

直接盛装危险废弃物的容器必须满足以下要求：

① 容器的材质必须与危险废弃物相容（不互相反应）；

② 容器要满足相应的强度和防护要求；

③ 容器必须完好无损，封口严紧，防止在搬动和运输过程中泄漏、遗撒；

④ 每个盛装危险废弃物的容器上都必须粘贴明显的标签（或原有的，或贴上新的标签，注明所盛物质的中文名称及危险性质），标签不能有任何涂改的痕迹；

⑤ 凡盛装液体危险废弃物的容器都必须留有适量的空间，不能装得太满。

(2) 废液收集使用注意事项

实验室往往需要放置废液收集桶，对于临时存储的危险废弃物必须做到：

① 按类分别存放，不相容的物质应分开存放，以防发生危险；

② 易碎包装物及容器容量小于 2L 的直接包装物应按性质不同分别固定在木箱或牢固的纸箱中，并加装填充物，防止碰撞、挤压，以保证安全存放；

③ 直接盛装危险废弃物的容器在存储过程中（含在间接包装箱中）应避免倾斜、倒置及叠加码放；

④ 实验室的危险废弃物存储时间不宜超过6个月，存量不宜过多。

(3) 已收集的实验室废弃物存放注意事项

已收集的实验室废弃物在存放时需注意以下几点：

① 漂白粉和无机氧化剂的亚硝酸盐、亚氯酸盐、次亚氯酸盐不得与其他氧化剂混合存放；

② 硝酸盐不得与硫酸、氯磺酸、发烟硫酸混合存放，无机氧化剂与硝酸、发烟硫酸、氯磺酸均不得混合存放；

③ 氧化剂不得与松软的粉状可燃物混合存放；

④ 遇水易燃烧的物质不得与含水的液体物质混合存放；

⑤ 无机剧毒物及有机剧毒物中的氰化物不得与酸性腐蚀物质混合存放；

⑥ 氨基树脂不得与氟、氯、溴、碘及酸性物质混合存放。

9.2.5 实验室废弃物的清运

实验室废弃物应分类和储存在规划管辖区域内的储存位置和容器；单位根据指定收集点的废弃物累积情况，联系外部合法单位处理，并事先规划清运频率、清运时间及清运路线；清运车辆必须为合格清运厂商自有，须有防止飞散、溅落、溢漏、恶臭扩散等措施；可回收垃圾于垃圾房打包处理，再由废料承包商处理；不可回收的危险废弃物应由专业及认可的承包商回收处理，避免对环境构成危险（爆炸）和破坏（污染）；处理危险废弃物时要使用防泄漏工具及使用个人防护用品；废弃物清除时，应防范收集袋和储存容器破裂，废弃物清除后，应将储存容器归位、排列整齐；实验室管理人员应不定期追踪危险废弃物的处理流向，并对处理场所实地了解并记录，以确保废弃物依规定清理；未经许可，严禁任意倾倒或自行焚烧废弃物。

9.3 实验室废弃物终端处理

实验室废弃物处理的基本原则是危险废物的减量化、资源化和无害化。尽可能防止和减少危险废物的产生；对产生的危险废物尽可能通过回收利用，减少危险废物处理产生量；不能回收利用和资源化的危险废物应进行安全处置；安全填埋为危险废物的最终处置手段。

普通的废弃物按照其存在的状态来分，可以分为：固体废弃物、液体废弃物和气体废弃物。对危害性废弃物处理时，一定要谨慎认真，否则达不到处理效果，还会危害人身健康和污染环境。

不同的废弃物有不同的处理方法，某些危险废物不宜长期储存或长途运输。因此要求在其产生地区就地处理和处置。对废弃物应该采用分类收集法，即按废弃物的类别性质和状态不同，分门别类收集。也可以根据实验过程中排出的废弃物的量的多少或浓度高低予以收集，或者按照其性质或处理方式、方法等，相似的废弃物应收集在一起进行处理。对于特殊的危险废弃物应予以单独收集处理。

当废弃物浓度很稀且安全时，可以排放到大气或排水沟中。对于危险性废弃物应尽量浓缩废液，使其体积变小，放在安全处进行隔离或储存。也可以利用蒸馏、过滤、吸附等方法将危险物分离，而只弃去安全部分。

无论液体或固体，凡能安全燃烧的都可以通过燃烧的方法进行处理，但数量不宜太大，且燃烧时切勿残留有害气体或燃烧残留物，如不能焚烧时，则要在行征许可基础上选择安全场所进行固化填埋处理，而不能将其裸露在地面上。一般有毒气体可通过通风橱或通风管道，经空气稀释后排出，大量的有毒气体必须通过与氧气充分燃烧或吸附处理后才能排放。废液应根据其化学特性选择合适的容器和存放地点，通过密闭容器存放，不可混合。

9.3.1 固体废弃物的处理

实验室固体废弃物的处理应注意以下几点：

① 黏附有害物质的滤纸、包药纸、棉纸、废活性炭及塑料容器等，不要丢入垃圾箱内，要分类收集；

② 废弃或不用的药品可交还仓库保存或用合适的方法处理；

③ 废弃玻璃物品单独放入纸箱内；废弃注射器针头统一放入专用容器内，注射管放入垃圾箱内；

④ 干燥剂和硅胶可用垃圾袋装好后放入带盖垃圾桶内；其他废弃的固体药品包装好后集中放入纸箱内，放到液体废液集中放置点由专业回收公司处理（剧毒，易爆危险品要先预处理）。

固体废弃物的处理方式主要有以下两种。

(1) 焚烧法

危险废物焚烧可实现危险废物的减量化和无害化，并可回收利用其余热。焚烧处置适用于不宜回收利用其有用组分、具有一定热值的危险废物。易爆废物不宜进行焚烧处置。焚烧设施的建设、运营和污染控制管理应遵循《危险废物焚烧污染控制标准》及其他有关规定。

焚烧是高温分解和深度氧化的过程，目的在于使可燃的固体废物氧化分解，借以减少容积、去除毒性并回收能量及副产品。焚烧法是城市垃圾资源化、减量化、无害化的一项有效措施，是除土地填埋之外的一个重要手段。焚烧法是高温分解和深度氧化的综合过程，通过焚烧可以使可燃性固体废物氧化分解，达到减少容积、去除毒性、回收能量及副产品的目的。

焚烧的优点和缺点如下所述。

优点：把大量有害的废物分解成为无害的物质，并可以处理各种不同性质的废物，焚烧后可减少废物体积的90%，便于填埋处理；

缺点：投资较大，焚烧过程排烟造成二次污染，设备腐蚀现象严重。

(2) 填埋法

危险废物的安全填埋处置适用于不能回收利用其组分和能量的危险废物，未经处理的危险废物不得混入生活垃圾填埋场。安全填埋为危险废物最终的处置手段。危险废物填埋须满足《危险废物填埋污染控制标准》的规定。

卫生土地填埋是处置一般固体废物而不会对公众健康及环境安全造成危害的一种方法。卫生土地填埋操作方法大体可分为场地选址、设计建造、日常填埋和监测利用等步骤。安全土地填埋是一种改进的卫生填埋方法，也称为安全化学土地填埋。安全土地填埋处置场地不易处置易燃性废物、反应性废物、挥发性废物、液体废物、半固体和污泥，以免混合后发生爆炸、产生或释放出有毒有害的气体和烟雾。

土地填埋法的优点和缺点如下所述。

优点：工艺简单，成本低，适于处置多种类型的固体废物；

缺点：场地处理和防渗施工比较难以达到要求，以及浸出液的收集控制问题。

9.3.2 废液的处理

实验室产生的废液主要是化学性污染废液和生物性污染废液，另外还有放射性污染废液，化学性污染废液包括有机物污染废液和无机物污染废液。有机物污染废液主要是有机试剂污染废液和有机样品污染废液。有机样品污染废液包括一些剧毒的有机样品，如农药、黄曲霉毒素、亚硝胺等。无机物污染有强酸、强碱的污染液，重金属污染液，氰化物污染液等。其中汞、砷、铅、镉、铬等重金属污染液不仅毒性强，且在人体中有蓄积性。

生物性废液包括生物废弃物污染液和生物细菌毒素污染液。生物废弃物有检验实验室的标本，如血液、尿、动物尸体等；检验用品，如实验器材、细菌培养基和细菌阳性标本等。生物实验室的通风设备设计不完善或实验过程个人安全保护漏洞，会使生物细菌毒素扩散传播，带来污染，甚至带来危害生命的严重后果。

9.3.2.1 废液处理方法分类

实验室废液可以分别收集并进行处理，对不同的废液使用不同的处理方法。以下介绍几种常见的废液处理方法。

(1) 焚烧法

将可燃性物质的废液，置于燃烧炉中燃烧。如果数量很少，可把它装入铁制或瓷制容器，选择室外安全的地方把它燃烧。点火时，取一长棒，在其一端扎上沾有油类的破布，或用木片等东西，站在上风方向进行点火燃烧，并且必须监视至烧完为止。

① 对于难燃烧的物质，可把它与可燃性物质混合燃烧，或者把它喷入配备有助燃器的焚烧炉中燃烧。对多氯联苯等难于燃烧的物质，往往会排出一部分未焚烧的物质，要加以注意。对含水的高浓度有机类废液，此法亦能进行焚烧；

② 对由于燃烧而产生 NO_2、SO_2 或 HCl 等有害气体的废液，必须用配备有洗涤器的焚烧炉燃烧。此时，必须用碱液洗涤燃烧废气，除去其中的有害气体；

③ 对固体物质亦可将其溶解于可燃性溶剂中然后使之燃烧。

(2) 吸附法

用活性炭、硅藻土、矾土、层片状织物、聚丙烯、聚酯、氨基甲酸乙酯、泡沫塑料、稻草屑及锯末之类能良好吸附溶剂的物质使其充分吸附后与吸附剂一起焚烧。原理是利用一种多孔性固体材料（吸附剂）的表面来吸附水中的溶解污染物（溶质或称吸附质），以回收或去除它们，使废水净化。

机理：固体表面的分子或原子因受力不平衡而具有剩余的表面能，当某些物质碰撞固体时，受到这些不平衡力的吸引而停留在表面上，这就是吸附作用。常用的吸附剂有活性炭、焦炭、炉渣、树脂、木屑以及黏土。对吸附剂的要求是良好的吸附性、稳定的化学性、耐强酸强碱和抗水浸。

(3) 氧化分解法

在含水的低浓度有机类废液中，对其易氧化分解的废液，用 H_2O_2、$KMnO_4$、NaClO、$H_2SO_4+HNO_3$或重铬酸洗液等物质，将其氧化分解。然后，按无机类实验废液的处理方法加以处理。

(4) 水解法

对有机酸或无机酸的酯类，以及一部分有机磷化合物等容易发生水解的物质，可加入氢氧化钠或氢氧化钙，在室温或加热下进行水解。水解后，若废液无毒害时，把它中和、稀释后，即可排放。如果含有有害物质时，用吸附等适当的方法加以处理。

(5) 生物化学处理法

利用活性污泥等物质并吹入空气进行处理废弃液的一种方法。向污水中投入某种化学物质，使它与污水中的溶解性物质发生互换反应，生成难溶于水的沉淀物，从而达到回收污水中的某些污染物质，或使其转化为无害的物质的目的。例如，对含有乙醇、乙酸、动植物性油脂、蛋白质及淀粉等的稀溶液，常用的方法有化学沉淀法、混凝法、中和法、氧化还原法（包括电解）等。通常把投加的化学药剂称之为沉淀剂，常用于含重金属、氰化物等工业生产污水的处理。

(6) 好氧生物处理法

污水的生物处理法就是利用微生物的新陈代谢功能，使污水中呈溶解和胶体状态的有机污染物被降解并转化为无害的物质，使污水得以净化。属于生物处理法的工艺又可以根据参与作用的微生物种类和供氧情况，分为两大类，即好氧生物处理法和厌氧生物处理法。其中好氧生物处理法是在有氧的条件下，借助于好氧微生物（主要是好氧菌）的作用来进行的处理。根据处理过程中呈现的状态不同又可以分为活性污泥法和生物膜法。

9.3.2.2 废液处理的注意事项

对这些实验室废液进行处理的时候，需要注意以下几个方面。

① 废液的浓度超过规定的浓度时，必须进行处理。但处理设施比较齐全时，往往把废液的处理浓度限制放宽。

② 最好先将废液分别处理，如果是储存后一并处理时，虽然其处理方法有所不同，但原则上要将可以统一处理的各种化合物收集后进行处理。

③ 在处理含有络离子、螯合物等的废液时，如果有干扰成分存在，要把含有这些成分的废液另外收集。

④ 需要特别注意的是下面所列的废液不能互相混合：

a. 过氧化物与有机物；

b. 氰化物、硫化物、次氯酸盐与酸；

c. 盐酸、氢氟酸等挥发性酸与不挥发性酸；

d. 浓硫酸、磺酸、羟基酸、聚磷酸等酸类与其他的酸；

e. 铵盐、挥发性胺与碱。

⑤ 要选择没有破损及不会被废液腐蚀的容器进行收集。将所收集的废液的成分及含量，贴上明显的标签，并置于安全的地点保存。特别是毒性大的废液，尤要特别注意。

⑥ 对于硫醇、胺等会发出臭味的废液和会发生氰、磷化氢等有毒气体的废液，以及易燃性大的二硫化碳、乙醚等废液，要把它加以适当的处理，防止泄漏，并应尽快进行处理。

⑦ 含有过氧化物、硝酸甘油等爆炸性物质的废液，要谨慎地操作，并应尽快处理。

⑧ 含有放射性物质的废弃物，用另外的方法收集，并必须严格按照有关的规定，严防泄漏，谨慎地进行处理。

⑨ 在处理那些经过或事先未经清除污染的动物尸体以及解剖组织或其他实验室废弃

物时，焚烧是一种有效的方法。

9.3.2.3 一些常见废弃液的处理方法

一些常见废弃液的处理方法如下所述。

① 含一般有机溶剂的废液（一般有机溶剂是指醇类、酯类、有机酸、酮及醚等由 C、H、O 元素构成的物质），用焚烧法处理。

② 对难以燃烧的物质及可燃性物质的低浓度废液，则用溶剂萃取法、吸附法及氧化分解法处理。

③ 废液中含有重金属时，要保管好焚烧残渣。

④ 对其易被生物分解的物质（即通过微生物的作用而容易分解的物质），其稀溶液用水稀释后，即可排放。

⑤ 含石油、动植物性油脂的废液，此类废液包括苯、己烷、二甲苯、甲苯、煤油、轻油、重油、润滑油、切削油、机器油、动植物性油脂及液体和固体脂肪酸等物质，对其可燃性物质，用焚烧法处理。

⑥ 对其难于燃烧的物质及低浓度的废液，则用溶剂萃取法或吸附法处理。对含机油等的废液，要保管好焚烧残渣。

⑦ 含有无机酸类的废液：将废酸慢慢倒入过量的含碳酸钠或氢氧化钙的水溶液中或用废碱互相中和，中和后用大量水冲洗。

⑧ 含有氢氧化钠、氨水碱性废液：用 6mol/L 盐酸水溶液中和，用大量水冲洗。

⑨ 含氰废液：加入氢氧化钠使 pH 值在 10 以上，加入过量的高锰酸钾（3%）溶液，使氰离子氧化分解。如果氰离子含量很高，则可加入过量的次氯酸钙和氢氧化钠溶液。

⑩ 普通简单的废液：如石油醚、乙酸乙酯、二氯甲烷等可直接倒入废液桶中，废液桶尽量不要密封，但不能装太满（3/4 即可）。

⑪ 有特殊刺激性气味的液体倒入另一个废液桶内立即封盖，统一处理。

9.3.2.4 实验室废液处理的注意事项

由于实验室废液不同于工业废水，实验室废液的成分及数量稳定度低，种类繁多且浓度高，所以，实验室废液处理的危险性也相对增高。对其进行相关处理时，一定要注意以下几点。

① 充分了解处理的方法　实验室废液的处理方法因其特性而异，任一废液如未能充分了解其处理方法，切勿尝试处理，否则极易发生意外。

② 注意皮肤吸收致毒的废液　大部分的实验室废液触及皮肤仅有轻微的不适，少部分腐蚀性废液会伤害皮肤，有一部分废液则会经由皮肤吸收而致毒，很多有毒液体会经由皮肤吸收产生剧毒的废液，所以在搬运或处理时需要特别注意，不可接触皮肤。

③ 注意毒性气体的产生　实验室废液处理时，如操作不当会有毒性气体产生，如：氰类与酸混合会产生剧毒的氢氰酸、漂白水与酸混合会产生剧毒的氯气或次氯酸、硫化物与酸混合会产生剧毒的硫化氢。

④ 注意爆炸性物质的产生　实验室废液处理时，应完全按照已知的处理方法进行处理，不可任意混合其他废液，否则容易产生爆炸的危险。如：三氮化钠与铅或铜的混合、胺类与漂白水的混合、硝酸银与酒精的混合、次氯酸钙与酒精的混合、丙酮在碱性溶液下与氯仿的混合、硝酸与乙酸酐的混合、氧化银和氨水与酒精废液的混合。

⑤ 其他一些极容易产生过氧化物的废液（如异丙醚）也应特别注意，因过氧化物极易因热、摩擦、冲击而引起爆炸，此类废液处理前应将其产生的过氧化物先行消除。

⑥ 实验室废液浓度高，处理时易于大量放热，因反应速率增加而导致发生意外。

为了避免这种情形，在处理实验室废液时应把握下列原则：

a. 少量废液进行处理，以防止大量反应；

b. 处理剂倒入时应缓慢，以防止激烈反应；

c. 充分搅拌，以防止局部反应；

d. 必要时在水溶性废液中加水稀释，以减慢反应速率以及降低温度上升的速率，如处理设备含有冷却装置则更佳。

9.3.3 废气的处理

实验室废气处理主要是指针对实验室产生的废气诸如粉尘颗粒物、烟气烟尘、异味气体、有毒有害气体进行治理的一种净化手段。所有产生废气的实验必须备有吸收或处理装置，如 NO_2、SO_2、Cl_2、H_2S、HF 等可用导管通入碱液中使其大部分吸收后排出。在反应、加热、蒸馏中，不能冷凝的气体，排入通风橱之前，要进行吸收或其他处理，以免污染空气。

选用废气处理方法时，应根据具体情况优先选用费用低、耗能少、无二次污染的方法，尽量做到化害为利，充分回收利用成分和余热。常见的废气处理方法包括以下几种。

① 吸附法　此方法可以分物理吸附法和化学吸附法，前者主要是利用活性炭或土壤等多空、稀松的独特结构，通过其吸附性吸收实验室产生的污染性气体；后者利用某试剂中和或消化废气中某有害成分，从而达到清除废气的目的。

② 化学反应法　利用废气中的某些物质和某试剂能中和反应的特性，从而去除气体中污染性成分。常见的有酸碱洗涤法、加氯洗涤法、过氧化氢洗涤法等。

③ 催化氧化法　在某些催化剂的作用下，使废气中的碳氢化合物在较低温度下迅速氧化成为无害气体或其他无害物质，从而达到净化的目的。

④ 直燃式氧化法　用直接燃烧的方式来去除有机污染气体，但是此方法只能处理少量的废气，对于大量的废气不适用。

⑤ 低温等离子法　在外加电场的作用下，电极空间里的电子获得能量后加速运动，从而引发了使其发生激发、解离或电离等一系列复杂的物理、化学反应，使得产生废气，某些基团的化学键断裂，从而达到净化的目的。

⑥ 生物氧化法　利用微生物和废气接触，当气体经过生物表面时被特定微生物捕获并消化掉，从而使有毒有害污染物得到去除。

⑦ 紫外线法　利用特制的高能高臭氧紫外线光束照射废气，改变气体的分子结构，使有机或无机高分子化合物分子链在高能紫外线光束照射下，降解转化成低分子无害化合物的一种方法。

常见的吸收剂及气体处理方法如下。

① 氢氧化钠稀溶液：处理卤素、酸气（如 HCl、SO_2、H_2S、HCN 等）、甲醛、酰氯等。

② 稀酸（H_2SO_4 或 HCl）：处理氨气、胺类等。

③ 浓硫酸：吸收有机物。

④ 活性炭、分子筛等吸附剂：吸收气体、有机物气体。

⑤ 水：吸收水溶性气体，如氯化氢、氨气等。

⑥ 氢气、一氧化碳、甲烷气：如果排出量大，应装上单向阀门，点火燃烧，但要注意，反应体系空气排净以后再点火，最好事先用氮气将空气赶走再反应。

⑦ 较重的不溶水挥发物：导入水中，下沉，吸收瓶吸入后再处理。

9.3.4 放射性废弃物处理

放射性废弃物是指具有放射性标记物或具有放射性的标准溶液等。实验过程中是否被放射性物质所污染，要通过检测仪的检查。放射性污染物的特点有：放射性污染物的放射性与物质的化学状态无关；每一种放射性核素都能放射出具有一定能量的一种或几种射线；每一种放射性核素都有一定的半衰期，不因气压、温度等因素而改变，且不同的元素半衰期也并不相同，有长有短；除了反应条件外，任何化学、物理、生物的处理都不能改变放射性核素的性质；放射性废弃物进入环境后，可以随介质的扩散或流动在自然界稀释或迁移，还可以在生物体内被富集并由此而产生在人体内的放射性污染即内照射。

一般实验室的放射性废弃物为中低水平放射性废弃物，即使如此，一旦发现放射性污染物也应及时清除，以免污染扩散，影响人们的健康。清除放射性污染的方法分为化学方法和物理方法，前者包括真空净化和抛光，后者是利用酸或碱、洗涤剂、络合剂或离子交换物来清洗污染物表面。

实验室常用的对放射性废弃物处理的方法有以下几种。

① 将实验过程中产生的放射性废物收集在专门的污物桶内，桶的外部标明醒目的标志，根据放射性同位素的半衰期长短，分别采用储存一定时间使其衰变和化学沉淀浓缩或焚烧后掩埋处理。

② 对于半衰期短的放射性同位素（如：^{131}I、^{32}P 等）的废弃物，用专门的容器密闭后，放置于专门的储存室，放置十个半衰期后排放或者焚烧处理。

③ 对于半衰期较长的放射性同位素（如：^{59}Fe、^{60}Co 等）的废弃物，液体可用蒸发、离子交换、混凝剂共沉淀等方法浓缩，装入容器集中埋于放射性废物坑内。处理放射性废弃物时，一定要严格按照法律要求进行，绝对不能随意丢弃。

9.3.5 生物废弃物处理

生物废弃物应根据其病源特性、物理特性选择合适的容器和地点，专人分类收集进行消毒、烧毁处理，日产日清。其中，对于液体状态的生物性废弃物一般可加漂白粉进行氯化消毒处理。对于固体状态而又可燃的生物废弃物应对其分类、收集后再处理，对其一律及时焚烧。对于固体状态且不可燃的生物废弃物进行分类、收集，可加漂白粉进行氯化消毒处理，满足消毒条件后做最终处置。对于特殊的生物废弃物具体的处理方法如下：

① 一次性使用的制品如手套、帽子、工作物、口罩等使用后放入污物袋内集中烧毁。

② 可重复利用的玻璃器材如玻片、吸管、玻瓶等可以用 1000～3000mg/L 有效氯溶液浸泡 2～6h，然后清洗重新使用，或者废弃。

③ 盛标本的玻璃、塑料、搪瓷容器可煮沸 15min。或者用 1000mg/L 有效氯漂白粉澄清液浸泡 2～6h，消毒后用洗涤剂及流水刷洗、沥干；用于微生物培养的，用高压蒸汽灭菌后使用。

④ 微生物检验接种培养过的琼脂平板应高压蒸汽灭菌30min，趁热将琼脂倒弃处理。

⑤ 尿、唾液、血液等生物样品，加漂白粉搅拌后作用2～4h，倒入化粪池或厕所，或者进行焚烧处理。

参考文献

[1] 周学良．实现危险化学品安全之梦丛书——危险化学品事故预防和应急处置：血和泪背后的教训［M］．北京：化学工业出版社，2016.

[2] 陈卫华．实验室安全风险控制与管理［M］．北京：化学工业出版社，2017.

[3] 武桂珍．实验室生物安全个人防护装备基础知识与相关标准［M］．北京：军事医学科学出版社，2012.

[4] 庞俊兰，孔凡晶，郑君杰．生命科学实验指南系列：现代生物技术实验室安全与管理［M］．北京：科学出版社，2006.

[5] 赵华绒，方文军，王国平．化学实验室安全与环保手册［M］．北京：化学工业出版社，2013.

[6] 林锦明．化学实验室工作手册［M］．上海：第二军医大学出版社，2016.

[7] 任芝军．固体废弃物处理处置与资源化技术［M］．哈尔滨：哈尔滨工业大学出版社，2010.

[8] 周书葵，娄涛，庞朝晖．核环境保护与污染控制技术丛书——放射性废水处理技术［M］．北京：化学工业出版社，2012.

[9] 朱守一．生物安全与防止污染［M］．北京：化学工业出版社，1999.

第10章

实验室安全评价

高校实验室安全管理的关键在于源头管理，预防为先。对实验室进行安全评价是加强高校实验室安全管理行之有效的技术手段和重要基础工作，是实现实验室安全运行的前提。要通过事前评价，及时找出存在的问题，采取有针对性的措施，对安全薄弱环节和隐患部位进行改进或弥补，防患于未然。

安全评价以实现工程、系统的安全为目的，应用安全系统的工程原理和方法对系统存在的危险、有害因素进行辨识与分析，判断工程、系统发生事故和隐性职业危害的可能性及其严重程度，从而指导危险源监控和事故预防，为制定安全防范措施和管理决策提供科学依据。目前的安全评价技术有多种，可用于实验室安全评估及实验过程安全评价的方法主要有三种：事故树分析法、安全检查表法和道化学火灾爆炸指数评价法。这三种安全评价技术始于煤矿、石油炼化及大型化工厂等，并在这些企业得到广泛应用。由于实验室安全评估技术尚未得到系统的研究，此处将几种安全评价法都进行介绍，以供科研人员和实验室工作者参考。

尽管没有系统的安全评价法应用于化学实验室及化学实验过程，但实验室及实验过程与生产经营企业安全评价的特点不同。相比经营企业，实验室及实验过程所涉及的内容更多更复杂，但危险程度又低于生产经营企业。为了科学和全面地反映影响安全的所有因素，实验室安全评价应遵循下列原则。

① 科学性原则　科学性原则是实现安全评价指标规范、统一的基础，科学性原则要求安全评价指标的选择、计算方法和信息收集等都必须有科学依据。

② 系统性原则　安全评价指标要全面涵盖实验室安全管理所涉及的各个方面，必须依照实验室管理系统的特性来组合，分解出相互影响和相互制约的因素，使评价指标层次分明、简洁，清晰地表达出实验室危险源存在的风险和安全管理状态。

③ 可操作性原则　在设计指标时，不仅要定义清楚明确、数据采集和计算方便，还要考虑实验室的实际情况和当前的技术水平，只有坚持可操作性原则，风险识别和安全评价工作才能落到实处，从而保障实验室的安全，保护生态环境，避免事故的发生。

10.1 安全检查表法

10.1.1 安全检查表法概述

20 世纪 30 年代工业迅速发展时期，由于安全系统工程尚未出现，安全工作者为了解决生产中遇到的日益增多的事故，运用系统工程的手段编制了一种检验系统安全与否的表格。系统工程广泛应用以后，安全系统工程开始萌芽，安全检查表的编制逐步走向理论阶段，使得安全检查表的编制越来越科学、全面和完善。它们的内容基本相同，不同的是编制的依据和方法不同：前者运用系统工程手段，后者源于安全系统工程的科学分析。运用安全系统工程的方法，发现系统以及设备、机器装置和操作管理、工艺、组织措施中的各种不安全因素，列成表格进行分析，这种方法称为安全检查表法。

安全检查表法（safety checklist analysis，SCA）是依据相关的标准、规范，对工程、系统中已知的危险类别、设计缺陷以及与一般工艺设备、操作、管理有关的潜在危险性和有害性进行判别检查，适用于工程、系统的各个阶段，是系统安全工程的一种最基础、最简便、应用广泛的系统危险性评价方法。为了系统地找出系统中的不安全因素，把系统加以剖析，列出各层次的不安全因素，然后确定检查项目，以提问的方式把检查项目按系统的组成顺序编制成表，以便进行检查或评审，这种表就称为安全检查表。安全检查表是进行安全检查，发现和查明各种危险和隐患、监督各项安全规章制度的实施，及时发现并制止违章行为的一个有力工具。由于这种检查表可以事先编制并组织实施，自 20 世纪 30 年代开始应用以来已发展成为预测和预防事故的重要手段。

(1) 安全检查表的编制依据

安全检查表的编制主要是依据以下四个方面的内容。

① 国家、地方的相关安全法规、规定、规程、规范和标准，行业、企业的规章制度、标准及企业安全生产操作规程。

② 国内外行业、企业事故统计案例，经验教训。

③ 行业及企业安全生产的经验，特别是本企业安全生产的实践经验，引发事故的各种潜在不安全因素及成功杜绝或减少事故发生的成功经验。

④ 系统安全分析的结果，如采用事故树分析方法找出的不安全因素，或作为防止事故控制点源列入检查表。

(2) 安全检查表的优点

安全检查表具有以下一些优点。

① 安全检查表能够事先编制，可以做到系统化、科学化，不漏掉任何可能导致事故的因素，为事故树的绘制和分析做好准备，不至于漏掉能导致危险的关键因素。

② 可以根据现有的规章制度、法律、法规和标准规范等检查执行情况，容易得出正确的评估。

③ 通过事故树分析和编制安全检查表，将实践经验上升到理论，从感性认识到理性认识，并用理论去指导实践，充分认识各种影响事故发生的因素的危险程度（或重要程度）。

④ 安全检查表，按照原因事件的重要顺序排列，有问有答，通俗易懂，能使人们清

楚地知道哪些原因事件最重要，哪些次要，促进职工采取正确的方法进行操作，起到安全教育的作用。

⑤ 安全检查表可以与安全生产责任制相结合，按不同的检查对象使用不同的安全检查表，易于分清责任，还可以提出改进措施，并进行检验。

⑥ 安全检查表是定性分析的结果，是建立在原有的安全检查基础和安全系统工程之上的，简单易学，容易掌握，可为安全预测和决策提供坚实的基础，最适合对实验室安全进行系统评估和安全防范建设。检查表简明易懂，易于掌握，检查人员按表逐项检查，操作方便可用，能弥补其知识和经验不足的缺陷。

（3）安全检查表的缺点

安全检查表法的不足之处在于以下几方面：

① 只能做定性的评价，不能定量。

② 只能对已经存在的对象评价。

③ 编制安全检查表的难度和工作量大，检查表的质量受制于编制者的知识水平及经验积累。

④ 要有事先编制的各类检查表，有赋分、评级标准。

10.1.2 安全检查表法的实施

（1）安全检查表的操作步骤

安全检查表法主要包括四个操作步骤：收集评价对象的有关数据资料，选择或编制安全检查表，现场检查评价和编写评价结果分析。

收集评价对象的有关数据资料是指按照国家有关法律、法规、标准、规范的要求，根据系统或经验分析的结果，把评价项目及环境的危险因素收集起来，编制了若干指导性或强制性的安全检查表。编制安全检查表应收集研究的主要资料包括：

① 有关编制规程、规范及规定；

② 同类企业的安全管理经验及国内外事故案例；

③ 通过系统安全分析已确定的危险部位及其防范措施；

④ 装置的有关技术资料等。

评价人员需熟知国家及地方的安全评价法规、标准中规定的各类安全检查表，根据评价对象正确选择适宜的安全检查表。例如日本劳动省的安全检查表、美国杜邦公司的过程危险检查表、我国机械工厂安全性评价表、危险化学品经营单位安全评价现场检查表、加油站安全检查表、液化石油充装站安全评价现场检查表、光气及光气化产品生产装置安全检查表等。当无适宜安全检查表可选用时，安全评价人员应根据评价对象正确选择评价单元，参照法规、标准要求编制安全检查表。编制安全检查表是安全检查法的重点和难点，编制时应注意以下问题：

① 检查表的项目内容应繁简适当、重点突出、有启发性；

② 检查表的项目内容应针对不同评价对象有侧重点，尽量避免重复；

③ 检查表的项目内容应有明确的定义，可操作性强；

④ 检查表的项目内容应包括可能导致事故的一切不安全因素，确保能及时发现各种安全隐患。

(2) 安全检查表的分类

不同的安全检查表的评价能得到不同系统安全程度的量化结果。根据评价计值方法的不同，常见的安全检查表有否决型检查表、半定量检查表和定性检查表三种类型。

① 否决型检查表　否决型检查表是给定一些特别重要的检查项目作为否决项，只要这些检查项目不符合，则将该系统总体安全状况视为不合格，检查结果就为“不合格”。这种检查表的特点就是重点突出。《危险化学品经营单位安全评价导则》中“危险化学品经营单位安全评价现场检查表”属于此类型检查表。

② 半定量检查表　半定量检查表是给每个检查项目设定分值，检查结果以总分表示，根据分值划分评价等级。这种检查表的特点是可以对检查对象进行比较。但对检查项目准确赋值比较困难。安监管二字〔2003〕50号文《关于开展危险化学品生产、储存企业安全生产现状评估工作的通知》中“危险化学品生产、储存企业安全评估标准”属于此类检查表。

③ 定性检查表　定性检查表是罗列检查项目并逐项检查，检查结果以“是”“否”或“不适用”表示，检查结果不能量化，但应做出与法律、法规、标准、规范中具体条款是否一致的结论。这种检查表的特点是编制相对简单，通常作为企业安全综合评价或定量评价以外的补充性评价。《中国石油化工总公司石化企业安全性综合办法》中的检查表属于此类检查表。

安全检查表应列举需查明的所有会导致事故的不安全因素。它采用提问的方式，要求回答“是”或“否”。“是”表示符合要求，“否”表示存在问题有待于进一步改进。所以在每个提问后面也可以设改进措施栏。每个检查表均需注明检查时间、检查者、直接负责人等，以便分清责任。安全检查表的设计应做到系统、全面，检查项目应明确。

在编制完安全检查表后，即可根据安全检查表所列项目，在现场逐项进行检查，对检查到的事实情况如实记录和评定。

在完成上述检查后，可根据检查的记录，按照安全检查表的评价计值方法，对评价对象给予安全程度评级，进行系统安全分析。定性的分析结果随不同分析对象而变化，需得出与标准或规范是否一致的结论。安全检查表的分析结果应能提出一系列的提高安全性的可能性途径。

10.2 事故树分析法

事故树分析首先由美国贝尔电话研究所于1961为研究民兵式导弹发射控制系统时提出来，1974年美国原子能委员会运用FTA对核电站事故进行了风险评价，发表了著名的《拉姆逊报告》。该报告对事故树分析做了大规模有效的应用。此后，在社会各界引起了极大的反响，受到了广泛的重视，从而迅速在许多国家和许多企业应用和推广。我国开展事故树分析方法的研究是从1978年开始的。目前已有很多部门和企业正在进行普及和推广工作，并已取得一大批成果，促进了企业的安全生产。

事故树分析法（accident tree analysis，ATA）起源于故障树分析法（FTA），是安全系统工程的重要分析方法之一，它能对各种系统的危险性进行辨识和评价，不仅能分析出事故的直接原因，而且能深入地揭示出事故的潜在原因。用它描述事故的因果关系直观、明了，思路清晰，逻辑性强，既可定性分析，又可定量分析。事故树分析法经多年的发展，已经变成一种严密科学的图形演绎法，以一些逻辑关系的门符号、事件符号表示事件之间的逻辑关系和因果关系，通过建立事故树，采用计算机计算和分析。限于教学要求和篇幅，本书在此不深入讨论，仅仅介绍事故树分析法的步骤。

根据对象系统的性质、分析目的的不同，事故树分析法步骤也不同。使用者可根据实际需要和要求，来确定分析程序。但是，一般都遵循以下十个基本步骤。

① 熟悉系统　要求要确实了解系统情况，包括工作程序、各种重要参数、作业情况。必要时画出工艺流程图和布置图。

② 调查事故　要求在过去事故实例、有关事故统计的基础上，尽量广泛地调查所能预想到的事故，即包括已发生的事故和可能发生的事故。

③ 确定顶上事件　所谓顶上事件，就是我们所要分析的对象事件。分析系统发生事故的损失和频率大小，从中找出后果严重，且较容易发生的事故，作为分析的顶上事件。

④ 确定目标　根据以往的事故记录和同类系统的事故资料，进行统计分析，求出事故发生的概率（或频率），然后根据这一事故的严重程度，确定我们要控制的事故发生概率的目标值。

⑤ 调查原因事件　调查与事故有关的所有原因事件和各种因素，包括设备故障、机械故障、操作者的失误、管理和指挥错误、环境因素等，尽量详细查清原因和影响。

⑥ 画出事故树　根据上述资料，从顶上事件起进行演绎分析，一级一级地找出所有直接原因事件，直到所要分析的深度，按照其逻辑关系，画出事故树。

⑦ 定性分析　根据事故树结构进行化简，求出最小割集和最小径集，确定各基本事件的结构重要度排序。

⑧ 计算顶上事件发生概率　首先根据所调查的情况和资料，确定所有原因事件的发生概率，并标在事故树上。根据这些基本数据，求出顶上事件（事故）发生概率。

⑨ 进行比较　要根据可维修系统和不可维修系统分别考虑。对可维修系统，把求出的概率与通过统计分析得出的概率进行比较，如果二者不符，则必须重新研究，看原因事件是否齐全，事故树逻辑关系是否清楚，基本原因事件的数值是否设定得过高或过低等。对不可维修系统，求出顶上事件发生概率即可。

⑩ 定量分析　定量分析包括下列三个方面的内容：首先是当事故发生概率超过预定的目标值时，要研究降低事故发生概率的所有可能途径，可从最小割集着手，从中选出最佳方案。其次利用最小径集，找出根除事故的可能性，从中选出最佳方案。最后是求各基本原因事件的临界重要度系数，从而对需要治理的原因事件按临界重要度系数大小进行排队，或编出安全检查表，以求加强人为控制。

事故树分析方法原则上是这10个步骤。但在具体分析时，可以根据分析的目的、投入人力物力的多少、人的分析能力的高低以及对基础数据的掌握程度等，分别进行到不同步骤。如果事故树的规模很大，常常借助电子计算机进行分析。绘成的事故树图是逻辑模型事件的表达，各个事件之间的逻辑关系就应该相当严密、合理，否则在计算过程中将会出现许多意想不到的问题。因此，对事故树的绘制要十分慎重。在制作过程中，一般要进行反复推敲、修改，除局部更改外，有的甚至要推倒重来，有时还要反复进行多次，直到符合实际情况，比较严密为止。

10.3 道化学火灾爆炸指数评价法

道化学火灾爆炸指数评价法是美国道化学公司1964年开发的《火灾、爆炸危险指数评价法》，在推出后，不断修改完善，目前已经非常完善和成熟。道化学火灾爆炸指数评价法是通过已往的事故统计资料及物质的潜在能量和现行安全措施为依据，定量地对工艺装置及所含物料的实际潜在火灾、爆炸和反应危险性进行分析评价。道化学评价法主要用于评价储存、处理、生产易燃、可燃及活性物质操作过程的潜在危险。其评价目的主要包括：量化潜在火灾、爆炸和反应性事故的预期损失；确定可能引起事故发生或使事故扩大的设备装置；向有关部门通报潜在的火灾、爆炸危险性；使相关工程技术人员了解各工艺部分可能造成的损失，并由此确定减轻事故严重性和总损失的有效途径。

道化学火灾爆炸指数评价法一般包括十个步骤，其计算程序如图10.1所示。

① 确定评价的工艺单元；

② 求取单元内的物质系数 MF；

③ 按单元的工艺条件，选用适当的危险系数，包括一般工艺危险系数和特殊工艺危险系数；

④ 用一般工艺危险系数乘以特殊工艺危险系数即可得到工艺单元的危险系数；

⑤ 将工艺单元的危险系数乘以物质系数 MF 即得到单元火灾、爆炸危险指数（$F\&EI$）；

⑥ 用火灾、爆炸指数求单元暴露区域面积，并计算暴露面积；

⑦ 计算单元暴露区域内所有设备的更换价值，并确定破坏系数，求出最大可能财产损失MPPD；

⑧ 应用安全措施补偿系数乘以最大可能财产损失MPPD，确定实际最大可能财产损失MPPD；

⑨ 根据实际最大可能财产损失MPPD，确定最大可能工作日损失（MPPD/停工天数）MPDO；

⑩ 用最大可能工作日损失MPDO确定停产损失。

以上计算程序中，工艺单元指生产设施中任意待分析的主要单元，影响单元危险程度的重要参数包括：物质的潜在化学能、工艺单元中危险物质的数量、资金密度、操作压力和操作温度、导致火灾爆炸的历史资料、对装置操作起关键作用的单元。物质系数 MF 表征物质由燃烧或其他化学反应引起的火灾、爆炸过程中释放的能量大小的内在特性。物质系数 MF 由物质燃烧性 NF 和化学活性（不稳定性）NR 确定。火灾爆炸指数 $F\&EI$ 表述了工艺单元的危险程度，用来估计生产过程中的事故可能造成的损坏，$F\&EI=MF\times F_3$，$F_3=F_1\times F_2$ 为工艺单元危险系数，不同的火灾爆炸指数 $F\&EI$ 反映了单元的危险等级，$F\&EI$ 在1～60反应单元危险程度最轻，61～96为较轻，97～127为中等，128～158为很大，＞159为危险程度非常大。安全措施的补偿系数分三种：工艺控制补偿系数 C_1，物质隔离补偿系数 C_2，防火措施补偿系数 C_3，单元补偿系数 $C=C_1\times C_2\times C_3$。

从以上计算来看，道化学火灾爆炸指数评价法的核心在于物质系数 MF、危险系数 F 和补偿系数 C 等各种大量被行业认可的经验数据。通过道化学火灾爆炸指数评价法获得的结果被石化、煤矿等许多危险行业认可，成为这些行业进行安全评价的标准方法。风险分

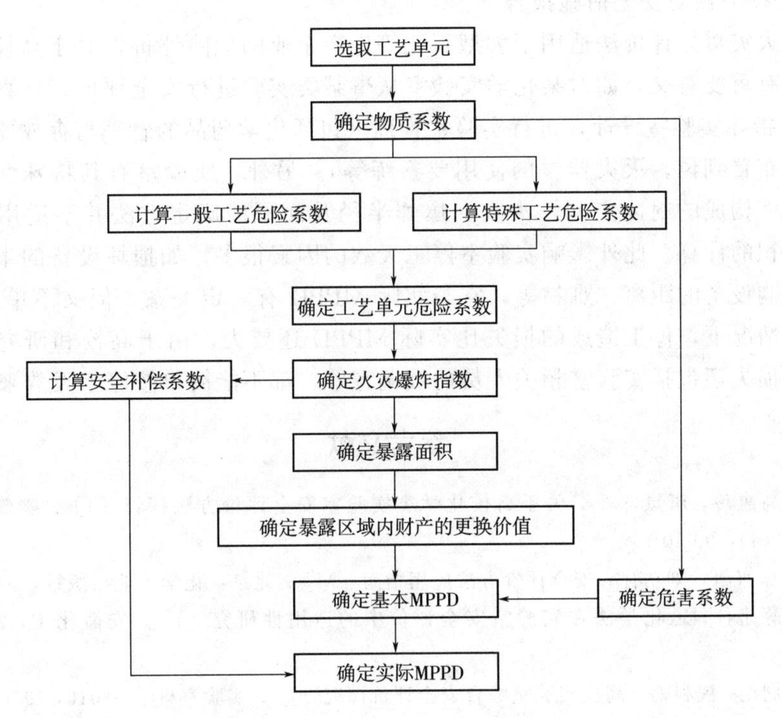

图 10.1　道化学风险分析计算程序

析在重大新建项目的设计阶段进行，这就提供了一个采取措施减少 MPPD 的好机会。实现上述目的最有效的方法是改变平面布置，增大间距以及减少暴露区域内的总投资。物料存量是影响 $F\&EI$ 的主要因素，这时减少物料存量可能是最容易而又有效的策略。显而易见，采取消除或减少危险的预防措施比建设后增加的安全措施对最大可能财产损失有更大的影响。因此在工艺和工厂布置设计阶段，所有有关的工艺单元都要单独列出“火灾、爆炸指数计算表”“安全措施补偿系数表”及“工艺单元危险分析汇总表”。“生产单元危险分析汇总表”则集中了这些表格中的关键信息并被收入“风险分析数据包”中。每套装置都要有关于各生产单元的最新的风险分析数据包。风险分析数据包被许多部门作为综合审查的一部分。

风险分析数据包是为火灾保险提供生产单元的事故损失情况及采取安全措施的汇总表，包括如下内容：

① 生产单元危险分析汇总。

② 为确定下列各项而完成的 $F\&EI$ 表格：最大的实际 MPPD；最大的 MPDO 和 BI；最大的 $F\&EI$。

③ 简化的方框式工艺流程图。

④ 标有暴露面积、气体检测、消防设备、紧急切断阀等的地图。

⑤ 有关停产损失的数据：原料或代用物的来源；产品的包装和运输；基本的公用设施及可靠性；关键设备及损坏时的对策；安全措施如消防、供水、水喷洒设备、抑爆装置及消防部门应急响应的能力；公司设施与公司外设施之间的依赖关系。

⑥ 化学物质暴露指数汇总。

⑦ 现场损失预防安全措施报告书。

⑧ 单元损失预防安全措施报告书。

道化学火灾爆炸评价法适用于大型石化等生产企业的危险评价，对于高校、研究所等实验室也具有重要意义，如对某化学实验室从事某类实验进行安全评价，计算火灾爆炸指数 $F\&EI$，指导实验室设计，进行实验室管理（包括化学药品的管理与存放要有序，防火抑爆器材要布置到位，灭火器材的使用要熟练等）。另外，实验室有其特殊性，由于实验室多是实体墙构成的封闭空间，火灾、爆炸半径及面积的确定方法并不适用于实验室火灾、爆炸面积的计算。此外影响实验室停工天数的因素很多，如损坏设备的生产厂家是否有备件，采购设备的距离、难易等，它与实际 MPPD 有一定关系，但又不单是 MPPD 的函数，很多情况下，停工造成的损失比实际 MPPD 还要大，由于高校和研究所管理的特殊性，停工损失还包括实验室相关人员的被调查等，都不能简单按停工天数来计算。

参考文献

[1] 郭万喜，高惠玲，唐岚，等．关于高校化学类实验室安全评价方法探讨［J］．实验技术与管理，2014，31（4）：99-101.

[2] 刘铁民，张兴凯，刘功智．安全评价方法应用指南［M］．北京：化学工业出版社，2005.

[3] 兰伟兴，薛茹君．道化学法在实验室安全评价中的适用性研究［J］．安徽化工，2011，37（2）：75-79.

[4] 孙学珊，周艳，魏利鹏．高校实验室综合安全评价探究［J］．实验室科学，2016，19（4）：213-216.

[5] 陈晶晶．高校实验室安全管理评价体系的研究［D］．上海：华东理工大学，2013.

附录1 常见物质燃烧爆炸参数表

序号	名 称	爆炸危险度	最大爆炸压力/ $\times 10^5$ Pa	爆炸下限/%	爆炸上限/%	蒸汽相对密度（空气为1）	闪点/℃	自燃点/℃
1	氢气	17.9	7.4	4.0	75.6	0.07	气态	560
2	一氧化碳	4.9	7.3	12.57	74.0	0.97	气态	605
3	二硫化碳	59.0	7.8	1.0	60.0	2.64	＜－20	102
4	硫化氢	9.9	5.0	4.3	45.5	1.19	气态	270
5	呋喃	5.2	—	2.3	14.3	2.35	＜－20	390
6	噻吩	7.3	—	1.5	12.5	2.90	－9	395
7	吡啶	5.2	—	1.7	10.6	2.73	17	550
8	尼古丁	4.7	—	0.7	4.0	5.60	—	240
9	萘	5.5	—	0.9	5.9	4.42	80	540
10	顺萘	6.0	—	0.7	4.9	4.77	61	260
11	四乙基铅	—	—	1.6	—	11.10	80	—
12	城市煤气	6.5	7.0	4.0	30.0	0.50	气态	560
13	标准汽油	5.4	8.5	1.1	7.0	3.20	＜－20	260
14	照明煤油	12.3	8.0	0.6	8.0	—	≥40	220
15	喷气机燃料	10.7	8.0	0.6	7.0	5.00	＜0	220
16	柴油	9.8	7.5	0.6	5.0	7.00	—	—
17	甲烷	2.0	7.2	5.0	15.0	0.55	气态	595
18	乙烷	3.2	—	3.0	12.5	1.04	气态	515
19	丙烷	3.5	8.6	2.1	9.5	1.56	气态	470
20	丁烷	4.7	8.6	1.5	8.5	2.05	气态	365
21	戊烷	4.6	8.7	1.4	7.8	2.49	＜－20	285
22	己烷	4.8	8.7	1.2	6.9	2.79	＜－20	240
23	庚烷	2.1	8.6	1.1	6.7	3.46	－4	215
24	辛烷	5.0	—	0.8	6.5	3.94	12	210
25	壬烷	7.0	—	0.7	5.6	4.43	31	205
26	癸烷	6.7	7.5	0.7	5.4	4.90	46	205

续表

序号	名称	爆炸危险度	最大爆炸压力/$\times 10^5$ Pa	爆炸下限/%	爆炸上限/%	蒸汽相对密度（空气为1）	闪点/℃	自燃点/℃
27	硝基甲烷	7.9	—	7.1	63.0	2.11	36	415
28	氯甲烷	1.6	—	7.1	18.5	1.78	气态	625
29	二氯甲烷	0.7	5.0	13.0	22.0	2.93	—	605
30	氯乙烷	3.1	—	3.6	14.8	2.22	气态	510
31	二氯乙烷	1.6	—	6.2	16.0	3.42	13	440
32	氯代正丁烷	4.5	8.8	1.8	10.1	3.20	−12	245
33	甲基戊烷	4.8	—	1.2	7.0	2.97	<−20	300
34	二乙基戊烷	7.1	—	0.7	5.7	4.43	—	290
35	环丙烷	3.3	—	2.4	10.4	1.45	气态	495
36	环丁烷	—	—	1.8	—	1.93	气态	—
37	环己烷	5.9	8.6	1.2	8.3	2.90	−18	260
38	环氧乙烷	37.5	9.9	2.6	100.0	1.52	气态	440
39	乙烯	9.6	8.9	2.7	28.5	0.97	气态	425
40	丙烯	4.9	8.6	2.0	11.7	1.49	气态	455
41	丁烯	4.8	—	1.6	9.3	1.94	气态	440
42	戊烯	5.2	—	1.4	8.7	2.42	<−20	290
43	丁二烯	8.1	7.0	1.1	10.0	1.87	气态	415
44	苯乙烯	4.5	6.6	1.1	6.1	3.59	32	490
45	氯丙烯	2.6	—	4.5	16.0	2.63	<−20	—
46	顺-2-丁烯	4.7	—	1.7	9.7	1.94	气态	—
47	乙炔	53.7	103.0	1.5	82.0	0.90	气态	335
48	丙炔	—	—	1.7	—	1.38	气态	—
49	丁炔	—	—	1.4	—	1.86	<−20	—
50	苯	57.0	9.0	1.2	8.0	2.70	−11	555
51	甲苯	4.8	6.8	1.2	7.0	3.18	6	535
52	乙苯	6.8	—	1.0	7.8	3.66	15	430
53	丙苯	6.5	—	0.8	6.0	4.15	39	450
54	丁苯	6.3	—	0.8	5.8	4.62	—	410
55	二甲苯	5.4	7.8	1.1	7.0	3.66	25	525
56	三甲苯	5.4	—	1.1	7.0	4.15	50	485

续表

序号	名称	爆炸危险度	最大爆炸压力/$\times10^5$Pa	爆炸下限/%	爆炸上限/%	蒸汽相对密度(空气为1)	闪点/℃	自燃点/℃
57	三联苯	3.9	—	0.7	3.4	5.31	113	570
58	甲醇	7.0	7.4	5.5	44.0	1.10	11	455
59	乙醇	3.3	7.5	3.5	15.0	1.59	12	425
60	丙醇	5.4	—	2.1	13.5	2.07	15	405
61	丁醇	6.1	7.5	1.4	10.0	2.55	29	340
62	异戊醇	5.7	—	1.2	8.0	3.04	−30	—
63	乙二醇	15.6	—	3.2	53.0	2.14	111	410
64	氯乙醇	2.2	—	5.0	16.0	2.78	55	425
65	甲基丁醇	4.5	—	1.2	8.0	3.04	34	340
66	甲醛	9.4	—	7.0	73.0	1.03	气态	—
67	乙醛	13.3	7.3	4.0	57.0	1.52	<−20	140
68	丙醛	8.1	—	2.3	21.0	2.00	<−20	—
69	丁醛	7.9	6.6	1.4	12.5	2.48	<−5	230
70	苯甲醛	—	—	1.4	—	3.66	64	190
71	丁烯醛	6.4	—	2.1	15.5	2.41	13	230
72	糠醛	8.2	—	2.1	19.3	3.31	60	315
73	甲酸甲酯	3.0	—	5.0	20.0	2.07	<−20	450
74	甲酸乙酯	4.0	—	2.7	13.5	2.55	20	440
75	甲酸丁酯	3.7	—	1.7	8.0	3.52	18	320
76	甲酸异戊酯	4.9	—	1.7	10.0	4.01	22	320
77	乙酸甲酯	4.2	8.8	3.1	16.0	2.56	−10	475
78	乙酸乙酯	4.5	8.7	2.1	11.5	3.04	4	460
79	乙酸丙酯	3.7	—	1.7	8.0	3.52	−10	—
80	乙酸丁酯	5.3	7.7	1.2	7.5	4.01	25	370
81	乙酸异戊酯	9.0	—	1.0	10.0	4.49	25	380
82	丙酸甲酯	4.4	—	2.4	13.0	3.30	−2	465
83	异丁烯酸甲酯	5.0	7.7	2.1	12.5	3.45	10	430
84	硝酸乙酯	—	>10.5	3.8	—	3.14	10	—
85	二甲醚	5.2	—	3.0	18.6	1.59	气态	240
86	甲乙醚	4.1	8.5	2.0	10.1	2.07	气态	190

续表

序号	名　称	爆炸危险度	最大爆炸压力/$\times10^5$Pa	爆炸下限/%	爆炸上限/%	蒸汽相对密度（空气为1）	闪点/℃	自燃点/℃
87	乙醚	20.0	9.2	1.7	36.0	2.55	<−20	170
88	二乙烯醚	14.9	—	1.7	27.0	2.41	<−20	360
89	二异丙醚	20.0	8.5	1.0	21.0	3.53	<−20	405
90	二正丁基醚	8.4	—	0.9	8.5	4.48	25	175
91	丙酮	4.2	5.5	2.5	13.0	2.00	<−20	540
92	丁酮	4.3	8.5	1.8	9.5	2.48	−1	505
93	环己酮	4.2	—	1.3	9.4	3.38	43	430
94	氯	43.0	—	6.0	32.0	1.80	气态	—
95	氰氢酸	7.6	9.4	5.4	46.6	0.93	<−20	535
96	乙腈	—	—	3.0	—	1.42	2	525
97	丙腈	—	—	3.1	—	1.90	2	—
98	丙烯腈	9.0	—	2.8	28.0	1.94	<−20	—
99	氨	0.9	6.0	15.0	28.0	0.59	气态	630
100	甲胺	3.1	—	5.0	2.07	1.07	气态	475
101	二甲胺	4.1	—	2.8	14.4	1.55	气态	400
102	三甲胺	4.8	—	2.0	11.6	2.04	气态	190
103	乙胺	3.0	—	3.5	14.0	1.55	气态	—
104	二乙胺	4.9	—	1.7	10.1	2.53	<−20	310
105	丙胺	4.2	—	2.0	10.4	2.04	<−20	320
106	二甲基联氨	7.3	—	2.4	20.0	2.07	−18	240
107	乙酸	3.3	54.0	4.0	17.0	2.07	40	485
108	樟脑	6.5	—	0.6	4.5	5.24	66	250

附录2　常用可燃气体爆炸极限数据

物质名称	分子式	在空气中的爆炸极限/%（体积分数）		毒性
		下限（LEL）	上限（UEL）	
甲烷	CH_4	5	15	—
乙烷	C_2H_6	3	15.5	
丙烷	C_3H_8	2.1	9.5	
丁烷	C_4H_{10}	1.9	8.5	
戊烷（液体）	C_5H_{12}	1.4	7.8	
己烷（液体）	C_6H_{14}	1.1	7.5	
庚烷（液体）	$CH_3(CH_2)_5CH_3$	1.1	6.7	
辛烷（液体）	C_8H_{18}	1	6.5	
乙烯	C_2H_4	2.7	36	
丙烯	C_3H_6	2	11.1	
丁烯	C_4H_8	1.6	10	
丁二烯	C_4H_6	2	12	低毒
乙炔	C_3H_4	2.3	72.3	
环丙烷	C_3H_6	2.4	10.4	
煤油（液体）	$C_{10}\sim C_{16}$	0.6	5	
城市煤气		4		
液化石油气		1	12	
汽油（液体）	$C_4\sim C_{12}$	1.1	5.9	
松节油（液体）	$C_{10}H_{16}$	0.8		
苯（液体）	C_6H_6	1.3	7.1	中等
甲苯	$C_6H_5CH_3$	1.2	7.1	低毒
氯乙烷	C_2H_5Cl	3.8	15.4	中等
氯乙烯	C_2H_3Cl	3.6	33	
氯丙烯	C_3H_5Cl	2.9	11.2	中等
1,2-二氯乙烷	$ClCH_2CH_2Cl$	6.2	16	高毒
四氯化碳	CCl_4			轻微麻醉
三氯甲烷	$CHCl_3$			中等

续表

物质名称	分子式	在空气中的爆炸极限/%（体积分数）		毒性
		下限（LEL）	上限（UEL）	
环氧乙烷	C_2H_4O	3	100	中等
甲胺	CH_3NH_2	4.9	20.1	中等
乙胺	$CH_3CH_2NH_2$	3.5	14	中等
苯胺	$C_6H_5NH_2$	1.3	11	高毒
二甲胺	$(CH_3)_2NH$	2.8	14.4	中等
乙二胺	$H_2NCH_2CH_2NH_2$			低毒
甲醇（液体）	CH_3OH	6.7	36	
乙醇（液体）	C_2H_5OH	3.3	19	
正丁醇（液体）	C_4H_9OH	1.4	11.2	
甲醛	HCHO	7	73	
乙醛	C_2H_4O	4	60	
丙醛（液体）	C_2H_5CHO	2.9	17	
乙酸甲酯	CH_3COOCH_3	3.1	16	
乙酸	CH_3COOH	5.4	16	低毒
乙酸乙酯	$CH_3COOC_2H_5$	2.2	11	
丙酮	C_3H_6O	2.6	12.8	
丁酮	C_4H_8O	1.8	10	
氰化氢（氢氰酸）	HCN	5.6	40	剧毒
丙烯氰	C_3H_3N	2.8	28	高毒
氯气	Cl_2			刺激
氯化氢	HCl			
氨气	NH_3	16	25	低毒
硫化氢	H_2S	4.3	45.5	神经
二氧化硫	SO_2			中等
二硫化碳	CS_2	1.3	50	
臭氧	O_3			刺激
一氧化碳	CO	12.5	74.2	剧毒
氢气	H_2	4	75	